普通高等教育“十三五”规划教材

材料力学实验教程

主　编　钱　波　胡青龙

副主编　王云珊　韩　德

中国水利水电出版社

www.waterpub.com.cn

·北京·

内 容 提 要

本书是根据西昌学院材料力学实验室的实验条件以及多年的实验教学经验而编写的，其中还结合了西昌学院省级土木工程基础教学示范中心开放式实验室的特点。本书内容既注重学科基础理论和知识的运用，又注重引入学科的新理念、新研究方法，力求将理论知识的传授与工程实际应用能力的培养结合起来。

本书包括金属材料的力学性能测定、电测应力分析实验、选做实验、设计制作实验等共4大类、17个教学实验、1个设计制作实验，在第6章还附有相应的实验报告。

本书可作为高等工科院校土木工程专业、水利水电工程专业、道路与桥梁专业及其他相关专业的本科、专科教材，也可作为工程技术人员的参考书。

图书在版编目（CIP）数据

材料力学实验教程 / 钱波，胡青龙主编. -- 北京 : 中国水利水电出版社，2019.7
普通高等教育“十三五“规划教材
ISBN 978-7-5170-7741-1

Ⅰ. ①材… Ⅱ. ①钱… ②胡… Ⅲ. ①材料力学一实验一高等学校一教材 Ⅳ. ①TB301-33

中国版本图书馆CIP数据核字(2019)第112857号

书　　名	普通高等教育“十三五”规划教材 **材料力学实验教程** CAILIAO LIXUE SHIYAN JIAOCHENG
作　　者	主　编　钱　波　胡青龙 副主编　王云珊　韩　德
出版发行	中国水利水电出版社 （北京市海淀区玉渊潭南路1号D座　100038） 网址：www.waterpub.com.cn E-mail：sales@waterpub.com.cn 电话：（010）68367658（营销中心）
经　　售	北京科水图书销售中心（零售） 电话：（010）88383994、63202643、68545874 全国各地新华书店和相关出版物销售网点
排　　版	中国水利水电出版社微机排版中心
印　　刷	北京瑞斯通印务发展有限公司
规　　格	184mm×260mm　16开本　11.25印张　274千字
版　　次	2019年7月第1版　2019年7月第1次印刷
印　　数	0001—2000册
定　　价	**28.00**元

前　言

材料力学是工科类高等院校土木工程、水利水电工程及道路与桥梁等专业的一门重要专业基础课程，它是研究工程材料力学性能和构件强度、刚度和稳定性计算理论的科学，主要任务是按照安全、适用与经济的原则，为设计各种构件（主要是杆件）提供必要的理论和计算方法以及实验研究方法。

材料力学实验部分与理论部分具有同样的重要性，它与理论部分同样是构成这门学科缺一不可的重要环节。材料力学实验有三个主要任务：

（1）材料力学实验广泛地用于测定材料的各项力学性能：如弹性极限、强度极限、冲击韧度、疲劳极限等。这些参数一般都是通过实验来测定的。随着新型材料的研发，材料力学实验也广泛地应用于新型合金材料、组合材料力学性能的测定。

（2）材料力学实验广泛地应用于理论验证：材料力学随着社会生产实践的发展是在不断发展的，在发展中会提出许多新理论及新计算方法。材料力学的理论是在大量实验的基础上通过假设、推论，再通过实验反复验证而建立的。

（3）材料力学实验广泛地应用于分析应力：在工程设计及施工中，如因构件几何形状不规则或受载情况复杂，应力计算并无适用理论，可通过电测实验分析法测定构件的应力，为工程结构的设计和安全评估提供可靠的科学依据。

学生在学习并进行材料力学实验时，除了学习实验原理、试验方法和测试技术，还能培养学生理论联系实际的思维方式，锻炼学生独立分析、解决实际问题的能力，使学生养成科学的工作习惯，善于提出问题、勤于思考、勇于创新。

本书在西昌学院材料实验室多年实验教学经验及原有实验教程的基础上，借鉴了国家关于材料力学实验性能试验的相关标准，广泛吸收国内外相关实验教材的优点，结合材料力学实验教学的实际以及编著者的自身实验工作经验编著而成。本书内容涵盖了材料力学（Ⅰ）教学大纲要求的所有实验以及材料力学（Ⅱ）教学大纲要求的部分实验。本书的编写结合了西昌学院开放式实验室的特点，力求符合学生的认识规律并便于学生独立操作，内容既注重学生基础理论和知识的应用，又注重将学科的新理念、新研究方法引入实验，力求将知识的传授与实际动手能力的培养结合起来。

本书由西昌学院钱波教授及胡青龙教授担任主编，西昌学院王云珊讲师及韩德讲师担任副主编，由王云珊统稿。全书共6章，第2章、第3章及第6章由钱波编写，第1章、第5章由胡青龙编写，第4章由王云珊编写，附录A、附录B、附录C及附录D由韩德编写。

本书在编写的过程中得到了中国水利水电出版社的关心和支持，各兄弟院校的同行也提供了许多宝贵意见和建议，在此表示衷心感谢！

由于编写时间仓促，编者水平有限，书中的缺点和错误在所难免，恳切希望广大读者批评指正。

编者

2019年3月

目 录

第1章　绪　　论

1.1　材料力学实验的地位及任务

材料力学是专业技术基础课程，与工程结合相当密切，其知识即可直接用于工程设计，也是后续课程（如结构力学、弹性力学、板壳理论、钢筋混凝土等）的重要基础课程。

材料力学主要研究工程材料的力学性能以及构件强度、刚度及稳定性的计算理论，从而为构件选择适宜的材料，设计科学、合理的截面形状和尺寸，使设计达到既经济又安全的目的。构件的力学性能均需要通过材料力学实验来测定，当有些问题单靠现有理论无法解决时，也需要借助于实验来研究。因此，在材料力学中，实验研究与理论分析同样重要，都是实现、完成材料力学的任务所必需的。

材料力学实验内容主要包含三个方面：

(1) 材料力学实验广泛地用于测定材料的各项力学性能。在设计构件时的重要依据和参数是材料的各种弹性指标及强度指标，如弹性极限、强度极限、冲击韧度、疲劳极限等。这些参数一般都是通过实验来测定的。随着新型材料的研发，材料力学实验也广泛地应用于新型合成材料、组合材料力学性能的测定。

(2) 材料力学实验广泛地应用于理论验证。材料力学随着社会生产实践的发展是在不断发展的，在发展中会提出许多新理论及新计算方法。这些理论及方法的验证采用了物理学上通用的方法，即通过大量实验提出一些假设，进而将构件抽象成理想模型（如讨论梁纯弯曲时正应力的分布规律就提出了平截面假设；讨论矩形截面梁平面弯曲时切应力的分布规律就提出了儒拉夫斯基假设），再由此假设进行推导从而得到相关公式，由公式计算出结果后再与实验数据相对比，如在一定误差范围内，则该假设及计算方法就是成立的。

(3) 材料力学实验广泛地应用于分析应力。在工程设计及施工中，如因构件几何形状不规则或受载情况复杂，应力计算并无适用理论，可通过电测实验分析法测定构件的应力，从而提高工程设计质量，也是进行失效分析的一种重要手段。

1.2　误差分析和数据处理

在采用实验方法测量应力、应变、荷载、位移、力偶矩等物理量时，由于环境条件的影响、测量仪器的精确度及性能的稳定性、观测者操作的准确性、实验理论基础知识的近似性等，使得测量过程中总存在一定的误差。进行误差分析及数据处理对于合理地设计和组织实验、减少误差、消除某些误差、使数据接近真值都具用重要意义。

1.2.1　测量与仪器

检测技术比测量有更加广泛的含义，它是按照被测量的特点，选用合适的检测装置与实验方法，通过测量和数据处理及误差分析，准确得到被测量的数值，并为进一步提高测量精度、改进实验方法及测量装置性能提供可靠的依据。

测量是指用实验方法确定被测对象的量值的实验过程。

测量分为直接测量与间接测量。

直接测量是指被测量对象和同类单位的标准物或计算器具直接比较，得出被测量对象的量值。例如，用游标卡尺与拉伸试件相比较，可测得试件的原长 l，试件的原直径 d，断裂后试件的长度 l_1，断裂口处的最小直径 d_1。

间接测量是指由一个或几个直接测得量经验理论公式计算出被测量量值的测量。例如，根据直接测量得到的 d 及 d_1，计算出截面原面积 A 及试件在断裂口处的最小截面面积 A_1。由公式 $\delta=\frac{l_1-l}{l}\times 100\%$ 及 $\psi=\frac{A-A_1}{A}\times 100\%$ 算出试件的断后伸长率及断面收缩率的过程就是间接测量。

测量仪器是指用于直接或间接测出被测对象量值的器具，如游标卡尺、电子扭转试验机、电流伺服万能实验机、应变综合参数测试仪器等。

仪器都具有不同的准确度等级。为了适应各种测量对仪器准确程度的不同要求，国家规定工厂生产的仪器分为若干准确度等级，各类各等级的仪器，又有对准确程度的具体规定。例如，RNJ－1000 微机控制液晶显示电子扭转实验机的扭转测量精度在示值的±1％以内，扭转角测量精度在示值的±1％以内，扭转角显示的最小分辨率是0.001°。

仪器有测量范围。例如，RNJ－1000 微机控制液晶显示电子扭转实验机的最大扭矩是1000N・m，有效测量范围是 20～1000N・m，扭转角测量范围是 0°～±100000°。当被测量值超过仪器的测量范围时，可能测不出量值，也会对仪器造成损伤。

故测量时，在满足测量要求的条件下，尽量选用准确程度低的实验参数设置，减少准确度高的实验设置参数的使用次数，可以减少在反复使用时的损耗，延长其使用寿命。

1.2.2　真值与误差

在当前环境条件下，各被测量都有一个客观存在的、不以人的意志为转移的真实大小，称此值为被测量的真值。

真值可以分为理论真值、约定真值和相对真值。

理论真值又称为绝对真值，是指在严格的条件下，按一定理论，定义确定的数值。一般情况下，理论真值是未知的。

约定真值是指用约定的方法确定的最高基准值，就目前科技水平条件下，它是最接近真值的，因而可以代替真值来使用。例如，基准米定义为光在真空中 1/299792458s 的时间间隔内行经的长度；测量中修正过的算术平均值也可作为约定真值。

相对真值是将测量仪表按精度不同分为若干等级，高等级的测量仪表的测量值即为相对真值。

由于测量仪器的准确度、环境条件的影响、理论上可能的近似性、操作者自身的原因等使得测得值和真值总可能不一致。定义观测值或计算值与其真实值之差称为误差，误差是不可避免的，由于真值不可知，故常用约定真值或相对真值来代替。

误差与错误不同，错误是可以避免的，而误差是不可能避免的，从实验的原理、实验所用的仪器以及仪器的调整，到对物理量的每次测量，都不可避免地存在误差，并贯穿于整个实验始终。

1.2.3 误差的分类

根据误差的性质及其产生的原因，误差可分为三类。

1. 系统误差（又称恒定误差）

系统误差是由某些固定不变的因素（如检测装置本身性能不完善、测量方法不完善、测量者对仪器使用不当、环境变化等原因）引起的误差，对测量值的影响总是有同一偏向。例如，某仪表刻度盘分度不准确，就会造成读数偏大或偏小；仪表电池电压随使用时间的增大而逐渐下降；用应变仪器测应变时，仪器灵敏系数放置偏大（比应变仪灵敏数值），则所测应变值总是偏小的。由于系统误差有一定规律和固定偏向，故可根据具体原因采用校准法或对称法予以校正和消除。对于这类误差主要要探索它的来源，设计实验方案削减该项误差，同时估计残存误差的可能范围。

2. 随机误差

随机误差又称为偶然误差或不定误差，是在测定过程中由于一系列有关因素微小的随机波动而形成的具有抵偿性的误差，其产生的原因是分析过程中种种不稳定随机因素的影响，如室温、相对湿度、气压、分析人员操作的微小差异以及仪器的不稳定性等。它有时大、有时小、有时正、有时负，没有固定大小和偏向。随机误差的数值一般都不大，不可预测但服从统计规律，多次测量后会发现，绝对值相同的正负随机误差出现的概率大致相同，它们之间常能相互抵消，误差理论就是研究随机误差规律的理论。

3. 过失误差

过失误差又称为粗差，是显然与实际不符的误差，无一定规律，误差值可以很大，主要是由于实验人员粗心、测量仪器失灵、设备故障、操作不当或过度疲劳造成的引起测量数据的真实值与测量值之间出现显著差异的误差。此类误差只有靠实验人员认真仔细地操作才能避免。

1.2.4 误差的表示方法

测量误差有三种表示方法。

1. 绝对误差

绝对误差是指测量结果的测得值与被测量的真值之间的差值。即

$$\Delta = x - x_0 \tag{1.1}$$

式中：Δ 为绝对误差；x 为测得值；x_0 为真值，可为相对真值或约定真值。

绝对误差 Δ 说明了系统示值偏离真值的大小，其值可正可负。具有与被测量相同的量纲。

2. 相对误差

相对误差定义为绝对误差 Δ 与真值 x_0 之比的百分数，即

$$\delta=\frac{\Delta}{x_0}\times 100\% \tag{1.2}$$

式中：δ 为相对误差。

3. 引用误差

由相对误差的定义可知，在绝对误差相同的情况下，随被测量的减小，相对误差逐渐增大。由此可知相对误差可以评价不同被测量的测量精度，却不能用来评价不同仪表的质量。同一仪表在整个测量范围内的相对误差不是定值，为合理地评价仪表的测量质量，引入了引用误差概念。

引用误差定义为绝对误差 Δ 与测量仪表的满量程 A 的百分比，即

$$\gamma=\frac{\Delta}{A}\times 100\% \tag{1.3}$$

式中：γ 为引用误差。

1.2.5　随机误差

在同一环境条件下，对同一物理量进行重复测量，各次测得值一般不完全相同，这是由于测量时存在随机误差。一个测得值的随机误差是多项偶然因素综合作用的结果，在同一条件下，重复进行的多次测量中，它或大或小、或正或负，既不能用实验方法消除，也不能修正。

通过大量实验发现随机误差具有以下特点：如每次测量的随机误差是不确定的；若用测得值减去真值，出现正号或负号的随机误差的机会相近，大多数有抵偿性；若作出测得值与测量次数的坐标关系图，会发现绝大多数测得值分布较集中，具有单峰性。

通常，用精密度表示随机误差的大小，随机误差大，测量结果分散，精密度低；反之，测量结果的重复性好，精密度高。精确度亦称精度，是测量的正确度和精密度的综合反映，精确度高，意味系统误差和随机误差都很小。

1. 减小随机误差

在实验中可以通过求算术平均值来减小随机误差对实验的真值的影响。

设在相同条件下的 n 次测量值 $x_1, x_2, \cdots, x_n$ 的误差为 $\varepsilon_1, \varepsilon_2, \cdots, \varepsilon_n$，真值为 a，则

$$(x_1-a)+(x_2-a)+\cdots+(x_n-a)=\varepsilon_1+\varepsilon_2+\cdots+\varepsilon_n$$

上式两侧除以 n，得

$$\frac{1}{n}(x_1+x_2+\cdots+x_n)-a=\frac{1}{n}(\varepsilon_1+\varepsilon_2+\cdots+\varepsilon_n)$$

它表示，算术平均值的误差等于各测量值误差的平均。假如各测量值的误差只是随机误差，而随机误差有正有负，相加时可抵消一些，所以 n 越大，算术平均值越接近真值。故算术平均值可作为被测量真值的最佳估值。当然 n 也不是越多越好，增加 n，测量时间就要延长，实验环境可能出现不稳定，实验者也会疲劳，这会引入新的误差。故对随机误差较大的测量中要多测几次，一般实验取 6～10 次为宜。

计算算术平均值采用下式进行：

$$X_a=\frac{1}{n}\left(\sum_{i=1}^{n}X_{mi}\right) \tag{1.4}$$

式中：X_{mi} 为测量值；i 为某一次数；n 为测量次数。

如果测量值的误差中包含有已知的系统误差，则相加时它们不能抵消，这时应当用算术平均值加上修正值为被测量真值的最佳估值（修正值与已定系统误差绝对值相等，符号相反）。

2. 实验标准偏差

具有随机误差的测量值将是分散的，对同一被测量做 n 次测量，表征测量结果分散性的量称为实验标准偏差，由贝塞尔公式得到

$$s=\sqrt{\frac{\sum_{i=1}^{n}(x_i-\bar{x})^2}{n}} \tag{1.5}$$

式中：s 为实验标准偏差；n 为数据的个数；x_i 为测量值；$\bar{x}$ 为平均值。

实验标准偏差反映了随机误差的分布特征。其值大表示测量值分散，随机误差的分布范围宽；其值小表示分散范围较窄或比较向中间集中，而这种表现又显示测量值偏离真值的可能性较小，即测量值的可靠性较高。

1.2.6 误差传递规律

在间接测量实验中，由于直接测量的物理量测量时存在一定的误差，由它们根据一定的公式计算出的间接测量结果必然具有一定的误差。误差传递规律就说明了怎样由直接测量值的误差计算间接测量值的误差，或由间接测量值的误差计算出直接测量值的误差范围。

1. 已知直接测量误差求间接测量值的误差

设函数 $y=f(X_1,X_2,\cdots,X_r)$，其自变量 $X_1,X_2,\cdots,X_r$ 为 r 个直接测量的物理量，其标准误差分别为 $S_1,S_2,\cdots,S_r$。

对 $X_1,X_2,\cdots,X_r$ 各做了 n 次测量，可算出 n 个 y 值，则每次测量的误差为

$$\delta y_i=\left(\frac{\partial y}{\partial x_1}\right)\delta x_{1i}+\left(\frac{\partial y}{\partial x_2}\right)\delta x_{2i}+\cdots+\left(\frac{\partial y}{\partial x_r}\right)\delta x_{ri} \qquad (i=1,2,3,\cdots,n)$$

两边平方：

$$\delta y_i^2=\left(\frac{\partial y}{\partial x_{1i}}\right)^2\delta x_{1i}^2+\left(\frac{\partial y}{\partial x_{2i}}\right)^2\delta x_{2i}^2+\cdots+2\left(\frac{\partial y}{\partial x_{1i}}\right)\left(\frac{\partial y}{\partial x_{2i}}\right)\delta x_{1i}\delta x_{2i}+\cdots$$

由随机误差中正负误差出现的概率相等，当 n 足够大时，将所有 δy_i^2 相加，则非平方项对消，得

$$\sum_{i=1}^{n}\delta y_i^2=\left(\frac{\partial y}{\partial x_1}\right)^2\sum_{i=1}^{n}\delta x_{1i}^2+\left(\frac{\partial y}{\partial x_2}\right)^2\sum_{i=1}^{n}\delta x_{2i}^2+\cdots+\left(\frac{\partial y}{\partial x_r}\right)^2\sum_{i=1}^{n}\delta x_{ri}^2$$

两边除以 n 再开方得间接测量值的标准误差：

$$S_y=\sqrt{\left(\frac{\partial y}{\partial x_1}\right)^2S_1^2+\left(\frac{\partial y}{\partial x_2}\right)^2S_2^2+\cdots+\left(\frac{\partial y}{\partial x_r}\right)^2S_r^2} \tag{1.6}$$

间接测量值的相对标准误差：

$$e_y=\frac{S_y}{y}=\sqrt{\left(\frac{1}{y}\times\frac{\partial y}{\partial x_1}\right)^2S_1^2+\left(\frac{1}{y}\times\frac{\partial y}{\partial x_2}\right)^2S_2^2+\cdots+\left(\frac{1}{y}\times\frac{\partial y}{\partial x_r}\right)^2S_r^2}$$

【例1.1】 一悬臂梁如图1.1所示，要求测量应力的误差不大于2%，则各被测量 P、l、b、h 允许多大误差？

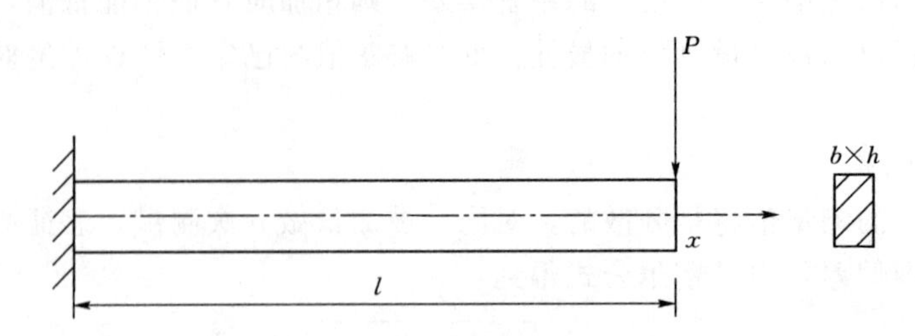

图 1.1 悬臂梁受集中力作用

解：梁的正应力公式为

$$\sigma_x=\frac{M}{W}=\frac{6Pl}{bh^2}=f(P,l,b,h)=y$$

由式（1.6），$r=4$ 得

$$\frac{\partial y}{\partial P}=\frac{6l}{bh^2}=\frac{\sigma_x}{P},\ \frac{\partial y}{\partial l}=\frac{6P}{bh^2}=\frac{\sigma_x}{l}$$

$$\frac{\partial y}{\partial b}=-\frac{6Pl}{b^2h^2}=-\frac{\sigma_x}{b},\ \frac{\partial y}{\partial h}=-\frac{12Pl}{bh^3}=-\frac{2\sigma_x}{h}$$

现要求 $S_\sigma=\pm 0.02\sigma_x$，即$\frac{S_\sigma}{\sigma_x}=\pm 2\%$，则

$$S_P=\frac{S_\sigma}{\sqrt{r}\frac{\partial y}{\partial P}}=\frac{\pm 0.02\sigma_X}{2\sigma_X/P}=\pm 0.01P$$

$$S_l=\frac{S_\sigma}{\sqrt{r}\frac{\partial y}{\partial l}}=\frac{\pm 0.02\sigma_X}{2\sigma_X/l}=\pm 0.01l$$

$$S_b=\frac{S_\sigma}{\sqrt{r}\frac{\partial y}{\partial b}}=\frac{\pm 0.02\sigma_X}{2(-\sigma_X/b)}=\pm 0.01b$$

$$S_h=\frac{S_\sigma}{\sqrt{r}\frac{\partial y}{\partial h}}=\frac{\pm 0.02\sigma_X}{2(-2\sigma_X/h)}=\pm 0.005h$$

2. 给定间接测量值的误差，求各直接测量允许的最大误差

通常当各实验测量值的误差难以估计时，可用等效传递原理，即假定各自变量的误差对函数误差的影响相等来解决。

由式（1.6）有

$$S_y=\sqrt{r\left(\frac{\partial y}{\partial x_i}\right)^2 S_i^2}=\sqrt{r}\frac{\partial y}{\partial x_i}S_i$$

则，各直接测量值的误差为

$$S_1=\frac{S_y}{\sqrt{r}\left(\frac{\partial y}{\partial x_1}\right)},\ S_2=\frac{S_y}{\sqrt{r}\left(\frac{\partial y}{\partial x_2}\right)},\ \cdots,S_r=\frac{S_y}{\sqrt{r}\left(\frac{\partial y}{\partial x_r}\right)}$$

1.3 学生实验守则

（1）每次实验前要做好如下准备：

1）复习有关理论部分。

2）阅读实验指导书，网上查阅相关资料，基本上了解实验的目的、内容、步骤及有关设备、仪器的主要原理和使用方法等。

（2）按安排实验时间，提前5min进入实验室。

1）以小组为单位，在指导教师指导下进行实验。

2）在上课期间小组长要负责保管所用设备、仪表及工具并组织分工，按照试验步骤、操作规则等进行实验。

3）小组成员要有分工（可以轮换），并要相互密切配合，认真进行实验。不得独自无目的地随意动作，以免打乱实验的正常秩序。

（3）严格遵守操作规程，爱护一切试验设备。

1）在进行实验前，应将操作规程、注意事项了解清楚，有不明了者应即询问指导教师。

2）进行每一步操作都要经过认真思考，遵守实验室安全操作规则，严防出现人身伤害与设备损坏的事故。

3）对所有仪器工具必须轻拿轻放，不要随意乱丢，注意保持设备、仪器的整洁。

4）实验中遇到异常情况或设备、仪器有损坏，小组长应立即报告指导教师进行处理，非指定使用的设备、仪器不得乱动。

（4）遵守课程纪律，注意保持实验室内安静和整洁，实验完毕要恢复设备、仪器的原状，整理好工具和桌椅等。

（5）试验数据要在实验室内初步计算后，在有效误差范围内，学生才能离开实验室。

（6）每人在教师规定日期内交实验报告一份，报告必有按照要求独立完成，书写、计算及图表等要清晰整齐。

（7）实验成绩是材料力学实验课程确定期终成绩的主要依据。

第 2 章　金属材料的力学性能测定

2.1　低碳钢和铸铁的拉伸、压缩实验

2.1.1　实验目的

（1）学习、掌握微机控制电液伺服万能试验机的工作原理及使用操作方法。

（2）验证胡克定律，测定低碳钢的弹性常数：弹性模量 E。

（3）测定低碳钢拉伸时的强度性能指标：屈服极限 R_{eL}，强度极限 R_m。

（4）测定低碳钢拉伸时的塑性性能指标：断面收缩率 Z，断后伸长率 A。

（5）测定铸铁拉伸时的强度性能指标：强度极限 R_m。

（6）测定低碳钢压缩时的强度性能指标：屈服极限 R_{eL}。

（7）测定铸铁压缩时的强度性能指标：强度极限 R_m。

（8）比较低碳钢和铸铁在拉伸、压缩时的力学性能和破坏形式。

2.1.2　实验设备和实验仪器

（1）微机控制电液伺服万能试验机。

（2）引伸仪。

（3）游标卡尺。

（4）微机。

2.1.3　实验试样

大量实验表明，所用试样的形状和尺寸对其性能测试结果有一定影响。为了使金属材料拉伸、压缩实验的结果具有可比性与符合性，国家已制定统一标准。

（1）按照 GB/T 228.1—2010《金属材料　拉伸试验　第 1 部分：室温试验方法》，金属拉伸试样的形状随着产品的品种规格以及试验目的的不同而分为圆形截面、矩形截面、弧形和环形截面，特殊情况下可以为其他形式。在常温实验中，最常用的是圆形截面试样和矩形截面试样。

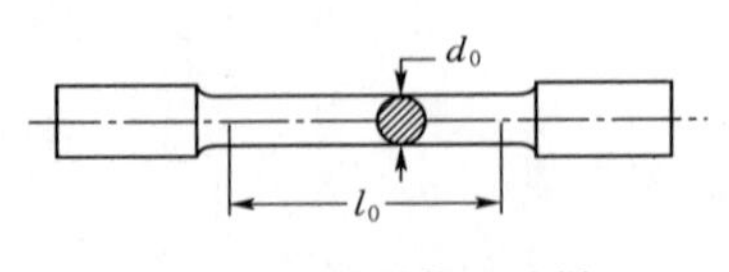

图 2.1　圆形截面试样

圆形截面试样或矩形截面试样均由平行、过渡和夹持三部分组成。圆形截面试样如图 2.1 所示，平行部分的试验段长度 l_0 称为试样的标距，在实验时，应用小标记、细划线或细墨线标记原始标记，但不得用引起过早断裂的缺口做标记。按试样的标距 l_0 与横截面面积 s_0 之间的比例，可将试样分为比例试样和非比例试样。圆形截面试样通常取 $l_0=10d_0$（长比例试样，简称长试样）或 $l_0=5d_0$（短比例试样，简称短试样）。过渡部分以过渡弧与平行部分光滑地连接，以保证试样断裂时的断口在平行部分，过渡弧的过渡半径的尺寸十分重

要，在 GB/T 228.1—2010《金属材料　拉伸试验　第 1 部分：室温试验方法》中有详细的规定。夹持部分稍长，其形状和尺寸根据试样大小、材料特性、试验目的以及万能试验机的夹具结构进行设计。试样轴线应与力的作用线重合。

在测量试件时，注意识别试样的材质：观察拉伸试样的光洁度。若试件表面质量较好，则光洁度较好的试样为低碳钢拉伸试件，反之为铸铁拉伸试件；若拉伸试样表面质量不好，可将试样往地面上摔，试件发出大而清脆声音的为低碳钢拉伸试件。

(2) 按照 GB/T 7314—2017《金属材料　室温压缩试验方法》，金属材料的压缩试样多采用圆柱体，如图 2.2 所示。压缩试样一般制成圆柱形，高 h_0 与直径 d_0 之比在 1.5～3 的范围内。较短的压缩试件为低碳钢压缩试件，较长的压缩试样为铸铁压缩试样。

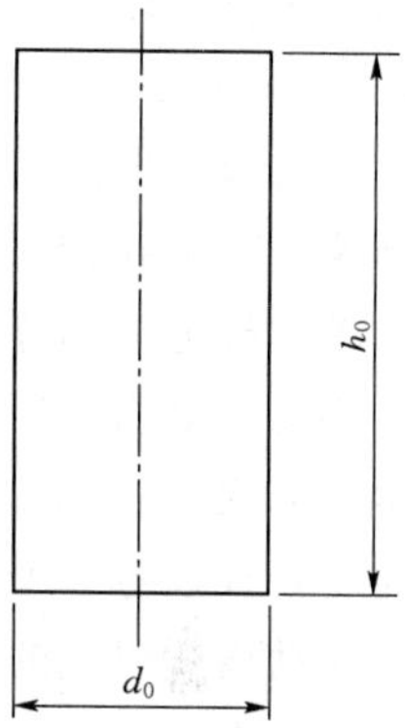

图 2.2　金属压缩试件

2.1.4　万能试验机

测定材料力学性能的主要设备是材料试验机。根据加力的性质可分为静荷试验机和动荷试验机。能兼做拉伸、压缩、剪切、弯曲等多种实验的试验机称为万能材料试验机。供静力实验用的万能材料试验机有液压式、机械式、电子式等类型。微机控制电子万能试验机是万能试验机中较为先进的一种类型，该类型试验机广泛应用于航空、航天、交通运输、石油化工、机械制造等行业。

本实验采用的万能试验机是微机控制电液伺服万能试验机，如图 2.3 所示。

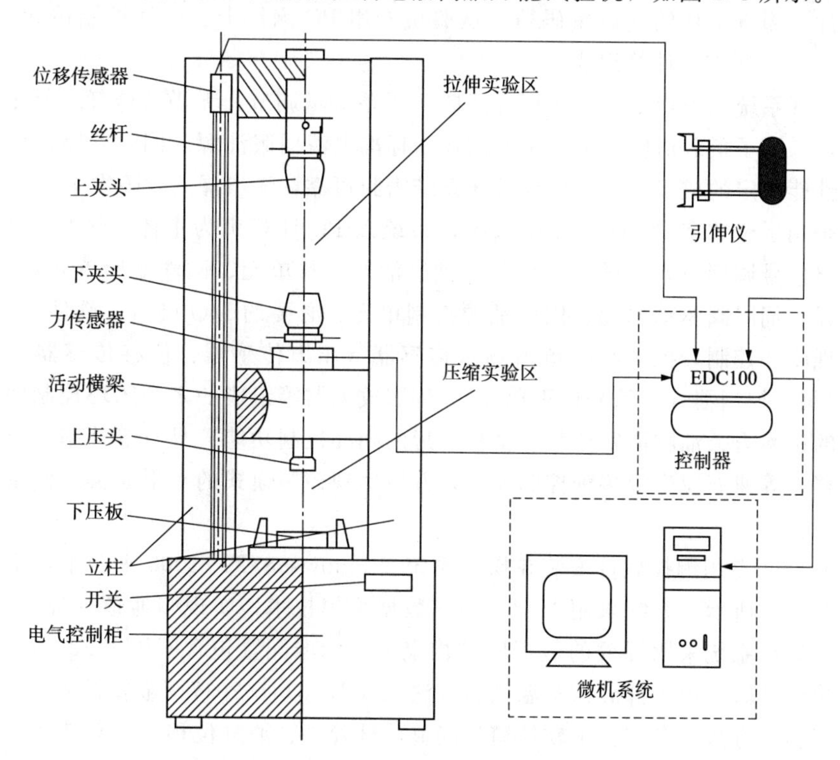

图 2.3　微机控制电液伺服万能试验机

微机控制电液伺服万能试验机能够完成金属材料、非金属材料和构件的拉伸、压缩、弯曲、剪切等力学性能测试，能够实现试验力、位移、变形、应力、应变的闭环控制，可自主编辑控制模式。内置上百种标准模式，可完全按照标准要求进行数据分析，并可对实验结果进行打印。微机控制电液伺服万能试验机的主要结构为加载系统与测控系统。

1. 微机控制电液伺服万能试验机的加载系统

微机控制电液伺服万能试验机的加载系统是由主机、液压泵、伺服阀、油缸、电机、动横梁、上下拉伸夹头、丝杠、立柱、上下压头等组成。主机采用四柱式、门式框架结构，单丝杠电动调整。电气控制柜底座上有两根固定立柱，立柱及固定横梁组成承重框架，移动横梁内是蜗轮蜗杆结构，丝杠固定不动，蜗轮副蜗杆安装在移动横梁内组成活动框架。伺服阀就是带有负反馈的控制阀，它以电控方式实现对流量的节流控制，它可以根据需要打开任意一个开度，由此控制通过流量的大小。油缸采用下置式，支撑着由活动立柱、移动横梁组成的活动框架。当油泵开动时，油液通过伺服阀经送油管进入盘式电机，驱动盘式电机，通过丝母旋转带动移动横梁上下移动。把试件安装在固定横梁和移动横梁间，上下钳口座为全开放式结构，自动液压装置夹紧试件，由于上夹头固定，下夹头随移动横梁向下移动，试件将被拉抻。若将试件安装在移动横梁和支座处，由于移动横梁向下移动，试件将被压缩。

电气控制柜上设置手动操作按钮，包括电源开头、急停以及油源油泵开停等。

2. 微机控制电液伺服万能试验机的测控系统

实验机的测控系统是由负荷传感器、全数字 PC 测控器、电液伺服油源、测量试件变形的引伸计、测量位移的光电编码器、试验机专用 PC 测控卡、电气控制单元、打印机、Smart Test 专用测控软件等组成。

为了实现系统压力稳定、能实现自适应恒压差流量调节，无溢流能耗，易于进行 PID 闭环控制，采用了负载适应型节流调速阀作为标准电液伺服油源。同时管路、接头及其密封件选用性能稳定的成组套件，保证液压系统密封可靠，无渗漏油故障发生。

系统采用了全数字 PC 伺服控制系统。系统以 PC 计算机为主体，全数字 PID 调节。系统由三路信号调理单元（试验力单元、油缸活塞位移单元、试件变形单元）、控制信号发生器单元、伺服阀驱动单元、伺服油源控制单元、必要的 I/O 接口、软件系统等组成。系统能实现闭环控制，控制回路指由测量传感器（压力传感器、位移传感器、变形引伸计）、伺服阀、控制器（各信号调理单元）、伺服放大器等组成的多个闭环控制回路。它实现试验机的试验力、油缸活塞位移、试样变形的闭环控制功能；具有等速率试验力、等速率油缸位移、等速率应变等多种控制模式，并可实现控制模式的平滑切换，使系统具有更大的灵活性。

Smart Test 专用测控软件安装在操作系统 Windows98/XP/2000 平台下，全中文操作界面。如图 2.4 所示，系统采用 VXDs 高速数据采集技术，实现多通道（最多 16 路）的高速数据采集；系统采用开放的数据库结构定义，标准配置包含 GB/T 228.1—2010《金属材料　拉伸试验　第 1 部分：室温试验方法》、GB 7314—2017《金属材料　室温压缩试验方法》等实验方法；在实验中软件窗口能显示试验力、油缸位移、加载速率、变形试验数据；能自动进行数据处理，数据处理方法满足 GB/T 228.1—2010《金属材料　拉伸试

验　第1部分：室温试验方法》、GB 7314—2005《金属材料　室温压缩试验方法》标准要求；能动态绘制时间-试验力/变形、变形-试验力等多种实验曲线，图形上还具有数显功能，图形放大、截取功能，光标跟随显示功能等；能自动对实验曲线、实验数据进行存储，实验数据可以ASCII码形式进行存储，以便于用户进行二次数据处理；能将实验结果以报表形式输出。控制系统还具有过载、超设定、断电、活塞到达极限位置等保护功能。

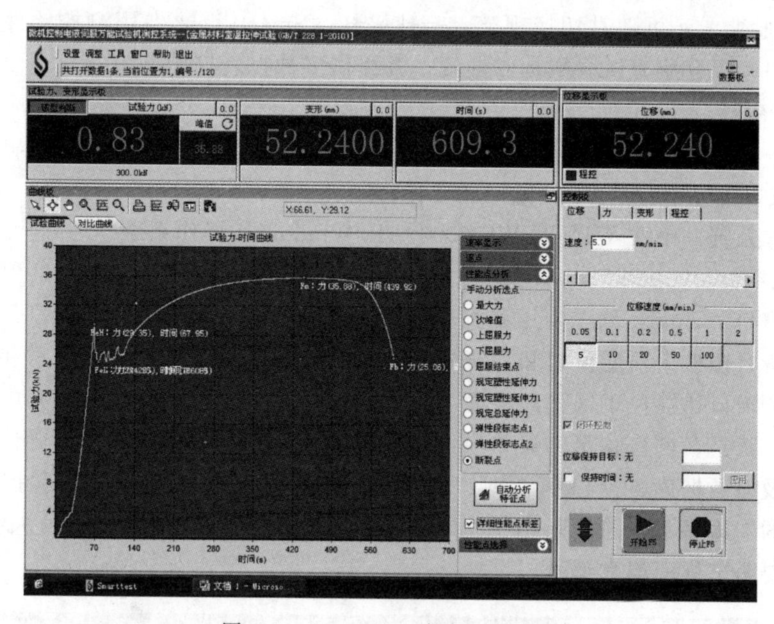

图2.4　Smart Test软件显示窗口

2.1.5　引伸计

引伸计是测量构件及其他物体两点之间线变形的一种仪器，如图2.5所示。它通常由应变片、变形传递杆、弹性元件、限位标距杆、刀刃和夹紧弹簧等组成。测量变形时，将引伸计装卡于试件上，刀刃直接和试件接触。试件上被测的两点之间的距离 l_0 为标距，标距的变化 Δl（伸长或缩短）为线变形。实验时试件变形，刀刃与试件接触而感受到变形量 Δl，通过变形传递杆使弹性元件产生相应应变，然后通过粘贴在弹性元件上的应变计把应变量转换成电阻的变化量，经放大器将放大，并通过记录器（或读数器）将放大后的信号直接自动记录下来，由电测法原理可通过电阻的变化量可算出变形量 Δl。

2.1.6　Smart Test 专用测控软件

Smart Test 程序根据不同的配置参数，适用于不同的类型的材料试验机，如微机屏显万能试验机、微机控制电液伺服万能试验机、微机控制电液比例万能试验机以及微机控制电子万能试验机等。程序采用开放的数据库结构定义，标准配置包含GB/T 228.1—2010《金属材料　拉伸试验

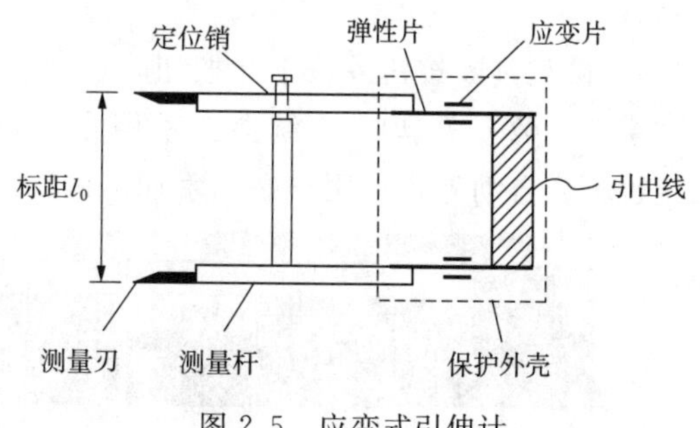

图2.5　应变式引伸计

第 1 部分：室温试验方法》、GB 7314—2017《金属材料　室温压缩试验方法》等实验方法，可根据用户要求定制特殊的实验方法。一台主机可以同时最多配置 4 个力传感器、4 个变形传感器（电子引伸计），用户可根据需要随时更换。Smart Test 专用测控软件全程不分档显示试验力、变形，最小分辨率可以根据需要自行设定，可自动校准和检定，同时记录力-时间，变形-时间，位移-时间、应力-时间、应变-时间、力-变形、力-位移、应力-应变等实验曲线，可随时切换观察，高速采样。Smart Test 专用测控软件采用数据库管理方式，自动保存所有试验数据和曲线；并提供多种报表打印接口。

1. 运行环境

微机硬件配置：Pentium MMX200/64M 内存以上 PC 机、SVGA 彩色显示器（支持 1024×768 或以上显示分辨率）、鼠标和各种打印机。

微机操作系统：中文 WINDOWS 2000/XP/Windows7 操作系统。

2. 界面操作

（1）主窗口。Smart Test 专用测控软件的主窗口如图 2.6 所示，主窗口是程序的控制中心，它负责管理各个功能窗口和系统模式的切换，并显示试样的基本信息和试验控制状态信息，这个窗口始终位于屏幕最上面。它包括菜单栏和任务栏两部分，其中菜单栏中有设置、调整、工具、窗口和帮助菜单项，能实现对力传感器、引伸计、横梁位移等的设置及校准，以及对数据库、窗口的管理。状态栏主要显示实验过程中试样和控制的相关信息，状态栏的左边显示当前控制相关的详细信息，如速度等。状态栏的右边显示试样的相关信息，主要是试样面积和编号。

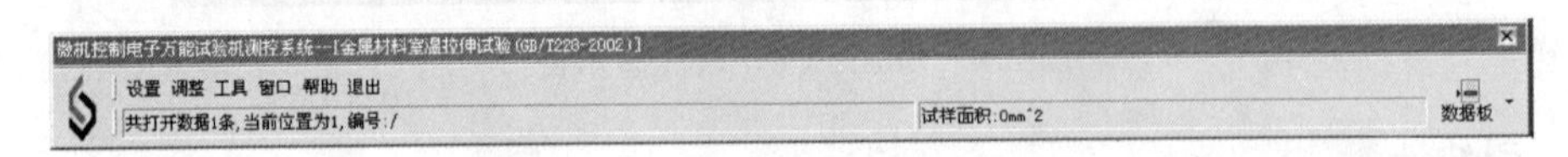

图 2.6　主窗口

（2）力、变形和时间显示板。Smart Test 专用测控软件的力、变形和时间显示板如图 2.7 所示，主要包括以下几个对话框及按钮：

1）负荷测量显示值。根据示值的大小自动规约，也可以单击鼠标右键根据需要进行选择。

2）负荷测量峰值。当实验重新开始，峰值会自动清零，也可单击峰值清零按钮清零。

3）变形测量显示值。根据示值的大小自动规约，也可以单击鼠标右键根据需要进行选择。

4）破型判断按钮。按下此按钮，在实验过程中，力值如果满足试样破型的条件（参见“系统参数”菜单），系统会自动停止。如果按钮弹起，那么即使满足破型判断条件，系统也不会自动停止，用户必须手动停机。

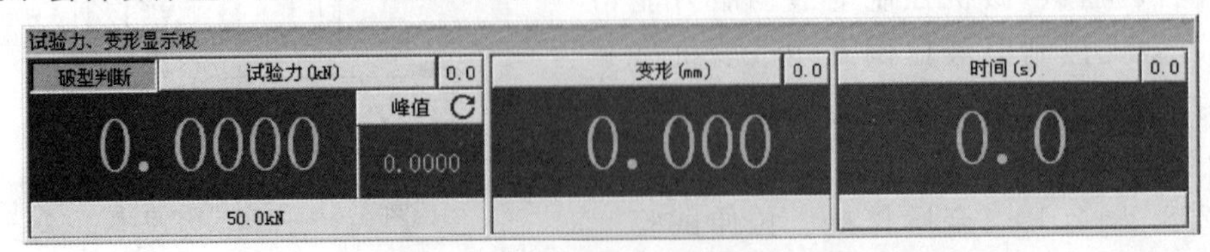

图 2.7　力、变形和时间显示板

5）测量值清零按钮。实验开始时，使用清零按钮清零。

6）引伸计的使用。实验中，当试样变形较小时，变形测量采用的是引伸计测量信号，当变形较大时，为了避免损坏引伸计而必须将引伸计取下，在取下引伸计之前，必须选中这个按钮，如果设置了自动提示摘除引伸计，当满足条件后软件会自动选中。然后系统将用位移测量信号作为变形量，自动衔接前面的引伸计测量值，从而保证测试曲线的完整性。

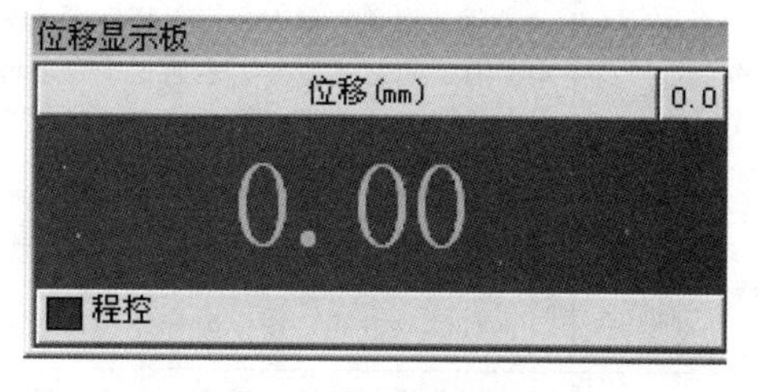

图 2.8 位移显示板

（3）位移显示板。位移显示板如图 2.8 所示，它显示位移量。

（4）曲线板。Smart Test 专用测控软件的曲线显示板如图 2.9 所示，在实验过程中，该区域能实时显示测量数据，并自动生成相应曲线。在浏览历史数据时，能同步显示对应的历史曲线。在数据处理及分析时，能向用户提供在线分析的功能。

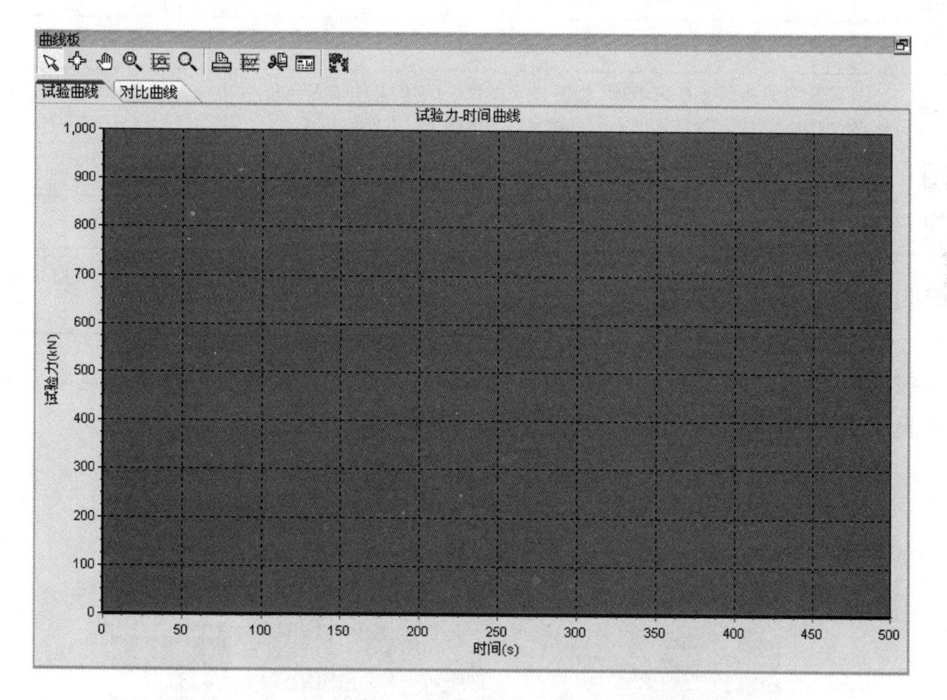

图 2.9 曲线显示板

在该区域中单击鼠标右键，会弹出快捷菜单，在快捷菜单中用户可根据需要选择观察其中的一种类型的曲线，如试验力-时间曲线或应力-应变曲线等。

该区域上方为曲线工具栏，该曲线工具栏包含对曲线进行观察和处理的工具按钮，从左至右按钮的功能依次见表 2.1。其中前面 4 个按钮为一组单选按钮组。

在该区域上还可能进行实验曲线和对比曲线选，其中，实验曲线页显示当前或历史数据相对应的单条曲线；对比曲线则可以显示当前或历史数据的组合对比曲线以便于观察和分析。

表 2.1　**曲线工具栏按钮及其功能**

按　钮	功　能
	普通或对象选取方式：鼠标显示为普通的箭头形状，如果用户将鼠标移到某个曲线上的标志点上时，标志点标签变红，表明这个点已经被选中，用户可以按住鼠标左键拖动选中的点，也可以按下时鼠标右键，将弹出一个功能菜单，用户可以删除或微调当前标志点
	曲线定位方式：鼠标显示为十字光标，用户在曲线板上移动时，工具栏的位置将跟踪显示鼠标位置处的坐标值
	曲线移动方式，按住鼠标左键可以移动曲线
	放大曲线：鼠标显示为放大镜。按下鼠标左键，拖动选择一个矩形区域，然后松开鼠标，这时，曲线板将放大显示选择区域
	单击可以把曲线放大至整个曲线
	复原曲线坐标值
	打印当前显示类型的曲线：不同于“数据板”上的打印报告，这里仅打印曲线
	可以对实验曲线从最后一个点往前进行裁剪
	将显示的曲线另存为 BMP 位图格式文件，BMP 文件是 Windows 中一个很常见的图形文件，在 WORD、EXCEL 等常用的办公自动化程序中都可以方便地插入
	可以分别对相应曲线的坐标进行精确设置
	保存用于对实验机机架进行刚度修正的刚度文件
	窗口最大化/恢复大小按钮：窗口最大化时将充满屏幕，因此，最好只有在分析观察曲线时使用，如果在实验过程中最大化，那么采样显示窗口就看不见了

在该区域上双击鼠标左键可以出现分析对话框，在该对话框上可以实现速率显示、逐点数据显示、性能点数据分析、手动分析等，如图 2.10 所示。

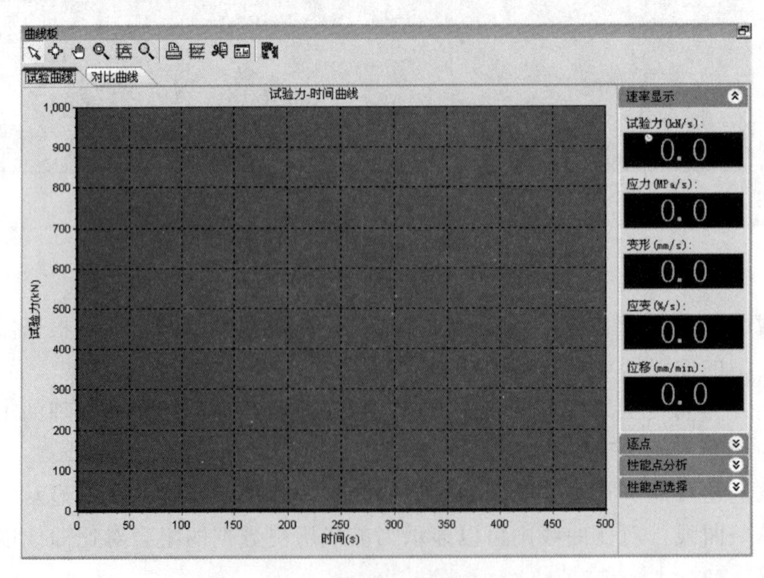

图 2.10　带有分析对话框的显示板

一般情况下，在实验过程中，系统会在曲线显示窗口中显示出相关曲线。在实验结束后，系统将自动分析测试曲线，并将分析结果填充在数据对话框中，而分析对话框记录了分析的过程。如果自动分析不正确或用户需要修改分析方法，新的分析方法用户在分析之前可通过【设置】菜单中的分析参数菜单项进行设置。

（5）数据板。数据是整个测量系统的核心，因为整个实验过程是围绕数据为中心进行的。从试件数据的输入到系统自动测试数据、分析数据，直至生成数据报表，整个过程的显示都在数据窗口上实现。可从系统菜单或工具栏调出数据窗口。

程序启动时，缺省的实验方法为用户上次选择的实验方法，如果与实际不符，用户首先必须选择相应的实验方法，单击“数据板”工具按钮旁的下拉按钮，会弹出快捷菜单，如图 2.11 所示。选择相应的实验方法以后，数据板对话框会作相应的变化，单击“数据板”工具按钮，会弹出数据板对话框，如图 2.12 所示。即不同的实验方法，数据板对话框的显示内容是不同的。

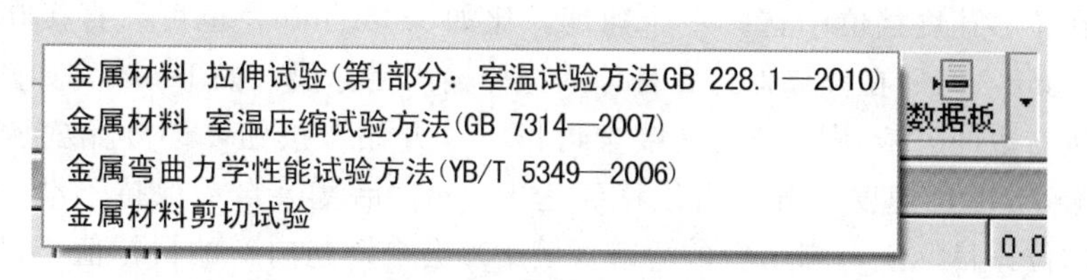

图 2.11　数据板快捷菜单

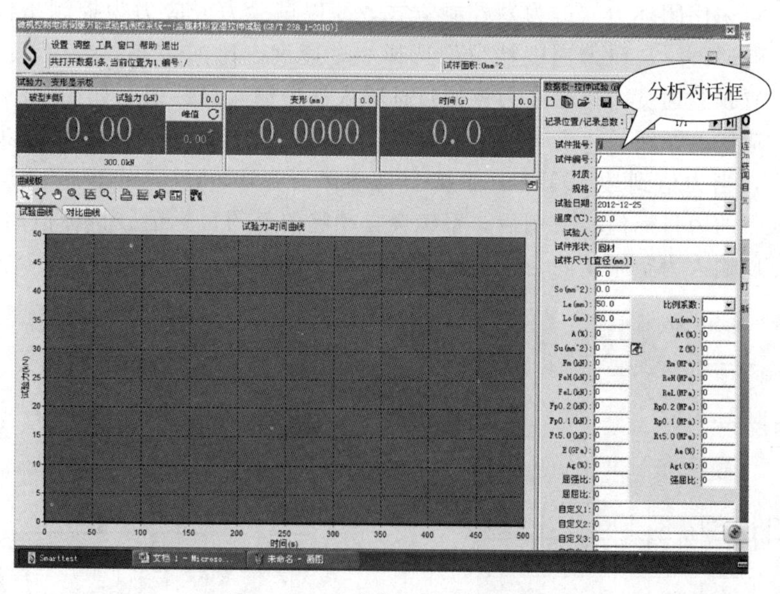

图 2.12　显示数据对话框的窗口

该对话框中的工具栏包含了数据操作的全部功能，从左到右依次为新建、打开、保存、删除和打印试验数据。

快速新建：快速建立单个数据记录，在此需输入试件的原始数据。

新建：建立单个或成批数据记录，对于同一批形状特性相同仅编号不同的试件常采用此功能来创建。

打开：依照特定的查询条件，调出历史数据。

保存为数据库格式：将测试曲线或者用户对数据的任何改动保存到数据库中。

保存为文件格式：以文本文件格式将测试曲线或者用户对数据的任何改动存盘。

删除当前记录：删除当前这条数据，删除的数据都无法恢复，请慎重操作。

删除全部打开的数据：将数据板上显示的所有数据全部删除，删除的数据都无法恢复，请慎重操作。

打印：将当前记录数据以设置好的报表格式打印输出。

（6）控制板。

1）在控制板上方有控制方式选择卡。系统能够以位移、力或变形为控制指标对实验进行控制，系统也能按用户在自定义程序控制模式下编制的程序进行控制。

位移控制：可用开环控制方式，在位移速度档位中选择一个速度，比如 5mm/min，按下“开始”按钮，即开始实验。亦可采用闭环（位移）控制方式，即以位移为控制指标进行控制，在位移速度档位中选择一个速度，比如 1mm/min，也可以直接在速度输入框中输入 1mm/min，然后在位移保持目标输入框中输入目标值，如 10mm，如图 2.13 所示，按回车键或按右边的“应用”按钮，接着再按下“开始”按钮，即开始实验。活塞（横梁）会以 1mm/min 的速度上升，当位移到达 10mm，活塞会自动保持不动。这时，用户可以输入新的位移目标值，应用后，活塞（横梁）会自动趋向新的目标值。目标值用户可以随时改变。用户可以输入为空来清除目标值。

力控制：可采用闭环力（应力）控制方式，即以试验力或应力为控制指标进行控制，单位为 kN/s 和 MPa/s。在力速度档位中选择一个速度，比如 10kN/s，然后单击“预紧速度”按钮设置预紧速度，接着在力保持目标输入框中输入目标值，如 100kN，按回车键或按右边的“应用”按钮，接着再按下“开始”按钮，即开始实验。活塞会以 10kN/s 的速度加载上升，当力值到达 100kN，系统会自动保持在 100kN，如图 2.14 所示。这时，用户可以输入新的力目标值，应用后，系统会自动趋向新的目标值。目标值用户可以随时改变。用户可以输入为空来清除目标值。力目标值不能为 0。

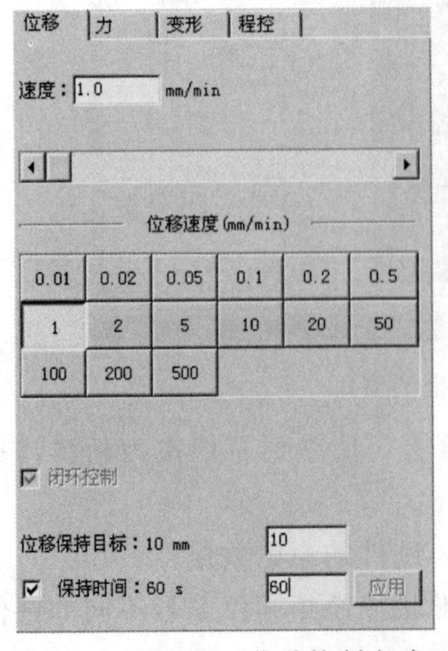

图 2.13　控制板（位移控制方式）

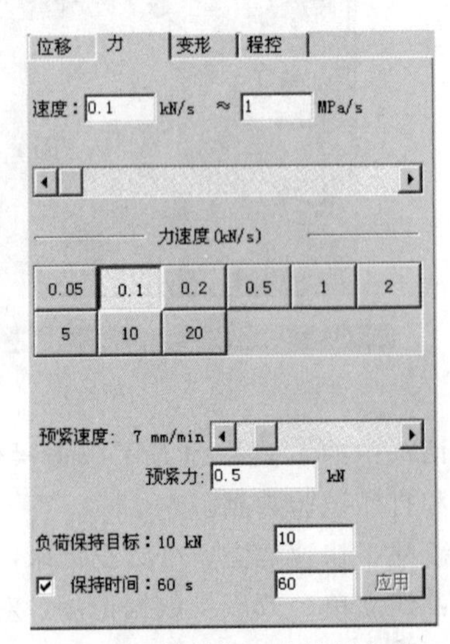

图 2.14　控制板（力控制方式）

变形控制：闭环变形（应变）控制方式，即以变形为控制指标进行控制，单位为%/s，它的使用与位移控制类似，但它单独使用的机会很少。（注意，使用变形控制时，必须使用变形测量装置，如电子引伸计等，否则会导致不可预知的后果。）

程控：可编程序控制方式，自定义程序控制模式下，系统将按照用户自己编制的程序进行控制。

2）实验控制中心。万能试验机有两个状态：实验状态和非实验状态。无论在哪种状态下试验机的运动都可能向上运动或向下运动。为了区分两种状态及进行两种状态的切换，系统设置了“调整位置”按钮，如图 2.15 所示的左上角。“调整位置”按钮弹起时，系统的当前状态是实验状态，后面两个按钮表示实验的“开始”和“停止”。“调整位置”按钮按下时，系统处于非实验状态，这时控制板界面如图 2.16 所示，可通过“上升”和“下降”按钮来控制横梁的移动，按下“复位”按钮，系统将自动回到位移显示为 0 的位置（可能上升，也可能下降，以上次位置为准），并自动停止。不管是上升还是下降，系统都不会记录曲线。

图 2.15 实验状态

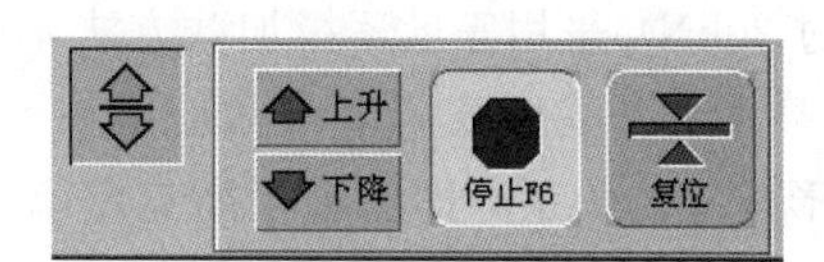

图 2.16 非实验状态

2.1.7 实验原理

低碳钢试样在拉伸实验时，万能试验机记录下的外力-时间关系如图 2.17 所示。图中最初阶段呈现曲线是由于试样头部在夹具内有滑动及试验机存在间隙等原因造成的。分析时应将图中的直线延长与横坐标相交于 o 点，作为其坐标原点。

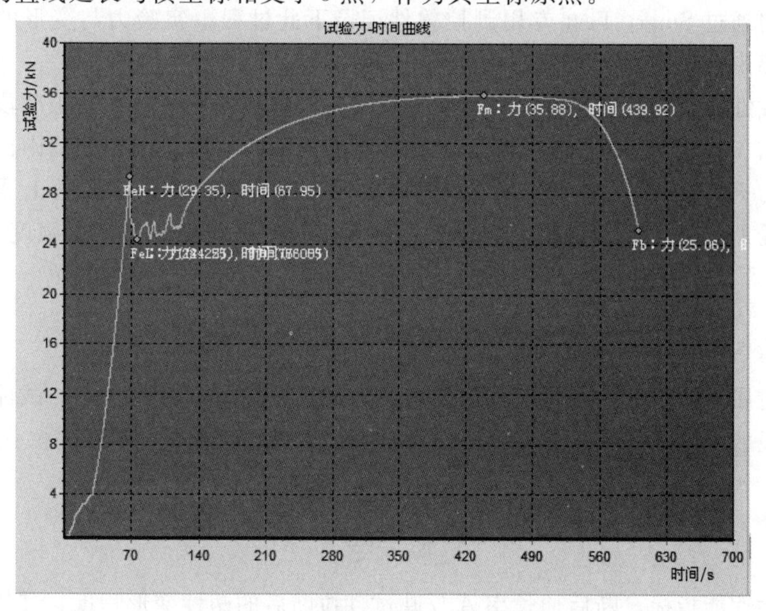

图 2.17 低碳钢拉伸时外力-时间图

拉伸曲线形象地描绘出材料的变形特征及各阶段受力和变形间的关系，可由该图形的状态来判断材料弹性与塑性好坏、断裂时的韧性与脆性程度以及不同变形下的承载能力。拉伸实验过程分为四个阶段：第一阶段是弹性阶段，在此阶段应力-应变曲线为斜直线，应力与应变成正比关系，比例因子是弹性模量。在此阶段撤销外载荷后，试件能完全恢复变形。第二阶段是屈服阶段，在此阶段应力-应变曲线为波浪线，试件失去了对外载荷的抵抗能力，应力增加不大的情况下，应变也在不断增加。在试件表面会出现与轴线成45°方向的滑移线。从此阶段开始试件会产生塑性变形。第三阶段是强化阶段，在此阶段应力-应变曲线为斜向上的曲线，要使试件产生应变，必须要不断地增加应力，直到强度极限。第四阶段是颈缩阶段，在此阶段应力-应变曲线为斜向下的曲线，应力逐渐减小，应变还在不断增加，试件某处出现明显地颈缩现象，直到试件在该处断裂。

1. 验证胡克定律及测定低碳钢的弹性常数

测量试件的直径 D_0 及长度 l_0。将试件安装在万能试验机上，并在试件的中部装上引伸仪。为了验证载荷与变形之间成正比的关系，本实验在弹性阶段范围内（估计最大弹性载荷不超过20kN）采用等量逐级加载方法，每次递加同样大小的载荷增量 ΔF（可选 $\Delta F=4\text{kN}$），在显示屏上读出载荷值与对应的变形量值。若每次的变形增量基本相等，则说明载荷与变形成正比关系，即验证了胡克定律。弹性模量 E 可根据下式得到

$$E=\frac{\Delta F l_0}{S_0 \Delta l_0} \tag{2.1}$$

式中：ΔF 为载荷增量；S_0 为试件的模截面面积；l_0 为试件的原始标距；Δl_0 为在载荷增量 ΔF 下由微机系统测出的试件变形量，并通过计算得到的平均值。

2. 测定低碳钢拉伸时的强度和塑性指标

弹性模量测定完后，将载荷卸去，取下引伸仪，重新对试件进行缓慢加载，直至试件被拉断，同时通过 Smart Test 专用测控软件记录下此过程中实验力与变形的关系，并通过窗口显示出来，如图2.17所示。

（1）强度性能指标。低碳钢是具有明显屈服现象的塑性材料，在屈服阶段，试件的伸长量急剧地增加，而实验机上的荷载读数在很小的范围内波动。选择此范围内最小的试验力为下屈服力 F_{el}。选择发生屈服而试验力首次下降前所对应的最高力为上屈服力，上屈服力的数值受加载速度等因素的影响较大，而下屈服力则较稳定。屈服强度（屈服极限）R_{el}是 F_{el}除以原始横截面面积 S_0 所得的应力值，即

$$R_{el}=\frac{F_{el}}{S_0} \tag{2.2}$$

试件经过屈服阶段后，若要使其继续伸长，试验力必须不断地增大，试件进入强化阶段，将此阶段的最大力 F_m 除以原始横截面面积 S_0 所得的应力值称抗拉强度（强度极限）R_m。

$$R_m=\frac{F_m}{S_0} \tag{2.3}$$

（2）塑性性能指标。断后伸长率 A 反映试件拉断后的塑性变形程度，其值等于试件的工作段在拉断后标距的伸长量与原始标距长度的百分比，即

$$A=\frac{l_u-l_0}{l_0}\times 100\% \tag{2.4}$$

试样的塑性变形集中产生在颈缩处，并向两边逐渐减小。因此，断口的位置不同，标距 l_0 部分的塑性伸长也不同。若断口在试样的中部，发生严重塑性变形的颈缩段全部在标距长度内，标距长度就有较大的塑性伸长量；若断口距标距端很近，则发生严重塑性变形的颈缩段只有一部分在标距长度内，另一部分在标距长度外，在这种情况下，标距长度的塑性伸长量较小。因此，断口的位置对所测得的伸长率有影响，为了避免这种影响，国家标准 GB/T 228.1—2010《金属材料　拉伸试验　第 1 部分：室温试验方法》对 l_u 的测定作了如下规定：原则上只有断裂处与最接近的标距标记的距离不小于原始标距的 1/3 的情况才视为有效；若断后伸长率大于或等于规定值，不管断裂位置处于何处测量均为有效；测量时，两段在断口处应紧密对接，尽量使两段的轴线在一条直线上，若在断口处形成缝隙，则此缝隙应计入 l_u 内。

衡量材料塑性的另一个指标是断面收缩率 Z，其值为断裂处的最小横截面面积的缩减量与原始横截面面积的百分比，即

$$Z=\frac{S_0-S_u}{S_0}\times 100\% \tag{2.5}$$

3. 测定铸铁拉伸时强度性能指标

实验前先测量试件的直径，然后打开万能试验机主机，启动控制软件，安装试件后启动主机，让系统开始缓慢加载，控制软件记录同时记录下相关数据，外力-变形关系如图 2.18 所示。

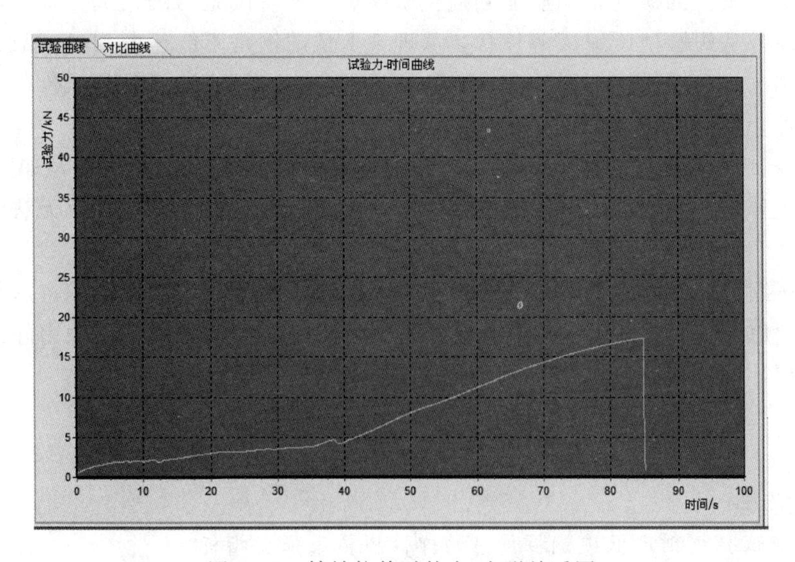

图 2.18　铸铁拉伸时外力-变形关系图

铸铁在拉伸过程中，变形很小时就会断裂，控制软件记录下断裂时最大试验力 F_m，F_m 除以试件原始横截面面积 S_0 即得到该灰口铸铁的抗拉强度 R_m，即

$$R_m=\frac{F_m}{S_0} \tag{2.6}$$

4. 测定低碳钢与灰口铸铁压缩时的性能指标

将圆柱体压缩试件置于万能试验机的承压平台间，同时启动 Smart Test 专用测控软件，输入压缩试件原始数据后，缓慢加载，使之产生压缩变形。

观察低碳钢试件在压缩过程中的现象，测控软件记录下相关数据，如图 2.19（a）所示。低碳钢试件压缩时在弹性阶段、屈服阶段具有与试件拉伸时相同的力学性能，定义低碳钢试件压缩时的屈服极限等于屈服力除以试件的原始横截面面积，即

$$R_{el}=\frac{F_{el}}{S_0} \tag{2.7}$$

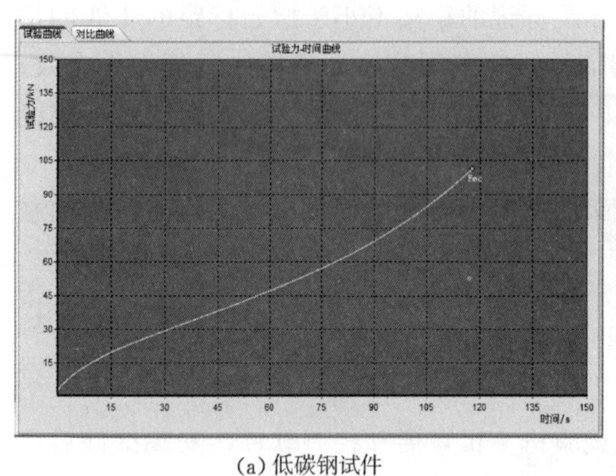

(a) 低碳钢试件

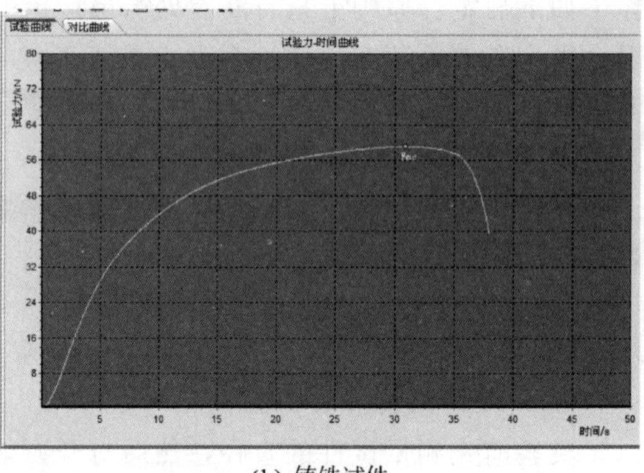

(b) 铸铁试件

图 2.19　金属压缩时外力-变形图

低碳钢具有很强的塑性，当压缩到强化阶段后，随着试验力的增大，横截面面积也将逐渐增大，试件从短圆柱压缩成薄片状，从理论上低碳钢是不能压断裂的，故无法测定低碳钢的压缩强度。为了较好地保护实验机的承压平台，这时要注意观察试件的情况，当试件较薄时应停止加载。

观察铸铁试件在压缩过程中的现象，同时测控软件记录下相关数据，如图 2.19（b）所示。铸铁拉伸与压缩时的力学性能差别较大，由于铸铁有明显脆性，故无法测得其屈服极限。

铸铁在压缩时的强度极限较拉伸时大很多，随着试验力的增大，试件将沿与轴线大致成 50°～55°倾角的斜截面发生错动而破坏，铸铁的压缩强度极限等于最大力除以试件的原始横截面面积，即

$$R_m=\frac{F_m}{S_0} \tag{2.8}$$

2.1.8　实验步骤

1. 用万能试验机测定低碳钢拉伸时的弹性模量及强度指标

（1）测量试件的尺寸。在试件标距长度范围内的中间位置以及标距两端点的内侧附近处，用游标卡尺在相互垂直方向上测取试件直径，这三个位置处直径的平均值作为计算直径。并测量试件的标距 l_0。

（2）打开万能试验机的开关，启动电机。打开计算机，启动 Smart Test 专用测控软件。

(3) 通过远控盒的控制，将试件夹紧在上夹头，调节横梁位置到合适的地方，并把引伸计安装在试样的中部，然后夹紧下夹头。

(4) 打开 Smart Test 专用测控软件的数据板，选取“金属材料室温拉伸试验”，新建一条记录，在新建对话框中输入试件的原始数据。

(5) 在 Smart Test 专用测控软件的控制板上，选取位移控制或力控制方式。

(6) 在 Smart Test 专用测控软件的力、变形和时间显示板上，让力、变形和时间清零。

(7) 在 Smart Test 专用测控软件的控制板上，在试验状态上单击“开始”。

(8) 缓慢加载，观察 Smart Test 专用测控软件的曲线显示板中的曲线，当外载荷达到 20kN 左右时，停止加载，记录数据，并取下引伸仪。

(9) 卸载后，取下试件，稍微停留一会儿。

(10) 安装试件，重新缓慢加载，观察 Smart Test 专用测控软件的曲线显示板中的曲线，观察试件的屈服现象和颈缩现象，直至试件被拉断为止。

(11) 取下拉断后的试件，将断口吻合压紧，用游标卡尺测量断口处的最小直径和两标点之间的距离。

(12) 进行数据分析。

2. 用万能试验机测定铸铁拉伸时的强度指标

实验步骤 (1) ～ (7) 步同上。

(8) 缓慢加载，观察 Smart Test 专用测控软件的曲线显示板中的曲线，直至试件被拉断为止。

(9) 取下拉断后的试件，将断口吻合压紧，用游标卡尺取断口处的最小直径和两标点之间的距离。

(10) 进行数据分析。

3. 用万能试验机测定低碳钢压缩时的屈服极限

实验步骤 (1) ～ (3) 步同上。

(4) 打开 Smart Test 专用测控软件的数据板，选取“金属材料室温压缩试验”，新建一条记录，在新建对话框中输入试件的原始数据。

(5) 在 Smart Test 专用测控软件的控制板上，选取位移控制或力控制方式。

(6) 在 Smart Test 专用测控软件的力、变形和时间显示板上，让力、变形和时间清零。

(7) 在 Smart Test 专用测控软件的控制板上，在试验状态上，单击“开始”。

(8) 缓慢加载，观察 Smart Test 专用测控软件的曲线显示板中的曲线，当外载荷急剧增加且试件压缩得较薄时，停止加载，记录数据。

(9) 进行数据分析。

4. 用万能试验机测定铸铁压缩时的屈服极限

实验步骤 (1) ～ (7) 步同上。

(8) 缓慢加载，观察 Smart Test 专用测控软件的曲线显示板中的曲线，当试件被压断裂时，停止加载，记录数据。

（9）进行数据分析。

2.2　低碳钢和铸铁的扭转实验

2.2.1　实验目的

（1）验证剪切胡克定律，测定低碳钢的剪切模量 G。

（2）测定低碳钢扭转时的强度性能指标：上屈服扭矩 T_{eh}、下屈服扭矩 T_{el}、最大扭矩 T_m、上屈服强度 τ_{eh}、下屈服强度 τ_{el} 和抗扭强度 τ_m。

（3）测定铸铁扭转时的强度性能指标：最大扭矩 T_m、抗扭强度 τ_m。

2.2.2　实验设备和仪器

（1）游标卡尺。

（2）RNJ－1000 微机控制液晶显示电子扭转试验机。

（3）扭转试件。

2.2.3　RNJ－1000 微机控制液晶显示电子扭转试验机

RNJ－1000 微机控制液晶显示电子扭转试验机如图 2.20 所示，该机主要用于测定各种材料及零部件在扭转状态下的性能及物理参数。该机由加载系统和控制系统两部分组成。

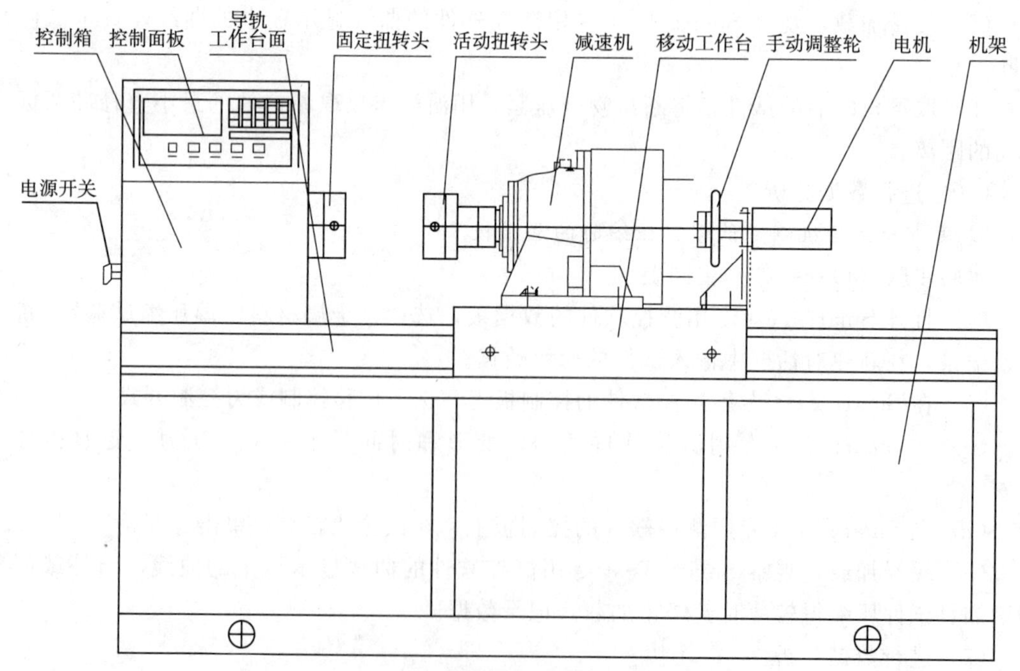

图 2.20　RNJ－1000 微机控制液晶显示电子扭转试验机

1. RNJ－1000 微机控制液晶显示电子扭转试验机的加载系统

RNJ－1000 微机控制液晶显示电子扭转试验机的加载系统由机架、传感器、导轨工作台面、固定扭转头、活动扭转头、减速机、电机、手动调整轮、移动工作台等组成，减速机（活动夹头安装在其输出轴端）、手动调整轮和电机安装在移动工作台上，移动工作台可以在导轨工作台面上左右平衡移动。固定扭转头装在控制箱的右边，一端与扭转传感器相连；另一端与试样相连。活动扭转头固定在减速机输出联轴器上，电机输出与联轴器和减速机相连。实验时由电机伺服控制器（安装在主机内部）发出指令驱动电机转动，电机通过输出联轴器带动减速机转动，减速机通过安装在其输出轴上的活动扭转头对试样施加力偶从而实现试样的扭转实验。

在主机的左侧有主机电源开关。

2. RNJ－1000 微机控制液晶显示电子扭转试验机的控制系统

RNJ－1000 液晶显示电子扭转试验机的控制系统以单片机为核心，进行扭转实验控制及数据采集，采用高精度数据放大器及高精度 A/D、D/A 为主要外围电路组成数据测量、数据处理等多个测控单元，把采集到的数据经过处理后送窗口显示或传输给计算机进一步处理。RNJ－1000 液晶显示电子扭转试验机自身带有控制面板，如图 2.21 所示，可独立操作并显示扭矩值、转角值和扭转角速度。本机控制系统在电路上采用 E^2PROM 作为配置的保存载体，可通过自身键盘对设定参数进行修改，确保在长期不开机时所设定的试验参数不会丢失。配有标准 RS232c 串行通信接口。

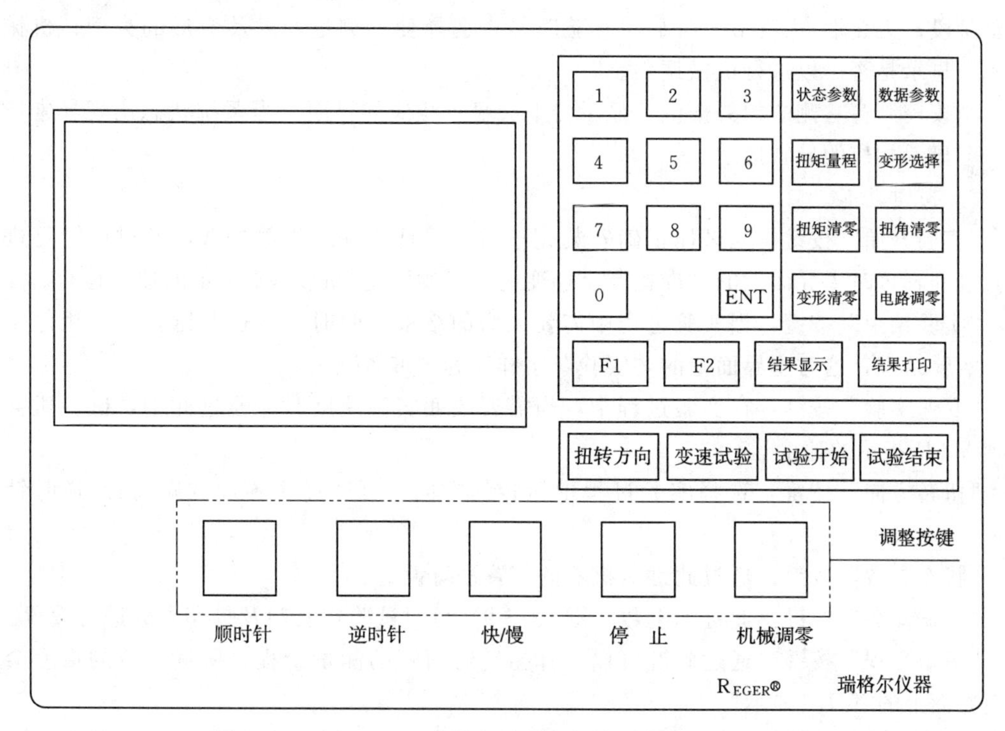

图 2.21　RNJ－1000 液晶显示电子扭转试验机的控制面板

（1）RNJ－1000 液晶显示电子扭转试验机的控制系统。RNJ－1000 液晶显示电子扭转试验机的机座左侧是控制箱，控制箱上有控制面板，左侧是显示器，右侧是控制按键。主机系统加电后首先进入 5s 自检状态，此时显示屏显示试验机的满量程试验扭矩值。

1）显示界面。试验机在独立使用状态下，显示器的显示窗口主要有 5 种界面状态，分别是主界面、结果显示界面、数据参数界面、状态参数界面和工作状态异常指示界面。

控制面板的主界面显示如图 2.22 所示。

当前扭矩：0.00000			N·m
当前变形：0.00000			Deg
当前扭角：0.00000			Deg
扭矩速率：0.0000			N·m/s
最大扭矩：0.0000			N·m
NZXZ:1000.00　Deg			
NJLC:0010.000 N·m			CYSD：L
V1:0050E-0		V2:0500E-0 Deg(min)	
顺时针	准备	无变形	机械调零：

图 2.22　RNJ-1000 液晶显示电子扭转试验机的主界面

该界面从上到下分为测量数据区、一般状态指示区和工作状态指示区。

测量数据区：显示出试样当前的扭转力矩、扭转变形、扭转角度等情况（顺时针为正，逆时针为负）。

一般状态指示区：在该区域中中状态名称是以该字汉语拼音的第一字母组合而成。NZXZ——扭转角限制，实验时当扭转角达到该设定值时将自动结束实验；NJLC——显示当前档位扭矩的量程；CYSD——采样速度（L：低速 12.5 次/s，M：中速 50 次/s，H：高速 100 次/s）；V1——起始实验速度；V2——变速实验速度。

工作状态指示区：显示当前工作状态。顺时针/逆时针——显示在当前状态下，试样的扭转方向；准备/试验——显示当前试验机的工作状态，是在实验准备阶段，还是处于实验阶段；无变形/大变形——显示实验时是否选择变形测量，以及变形的类型；机械调零——显示是否可以进行机械调零。

当按控制箱右侧的相关按键，显示器上会显示相应的界面。当系统状态出现异常情况时，会显示相应的异常提示。

2）按键功能。

“实验开始”按键：当试样正确安装完毕后，并且已输入相关参数，通过此键可进入实验过程，这时主界面上的“准备”字样变为“实验”，主机以 V1 指示的速度运行。

“实验结束”按键：当实验过程中需要人为的结束实验时，通过此键，试验机停止运行，实验结束，这时主界面上的“实验”字样变为“准备”。

“变速实验”按键：在实验过程中，当需要改变实验速度时，通过此键，试验机会切换到 V2 所指示的速度运行。

“扭转方向”按键：选择实验过程中扭转的方向。可通过主界面的顺时针/逆时针来显示。

“状态参数”按键：通过此键对机器的配置进行设置。

“数据参数”按键：此键加上数字键（0～9）可对试验机实验及打印参数进行设置。

“扭矩量程”按键：通过此键可以选择扭转时扭矩的测量量程。所选档位的量程会通过主界面上的 NJLC 显示。

“变形选择”按键：通过此键可以选择是否测量变形，选择结果会通过主界面上的无变形/大变形显示。

“扭矩清零”按键：通过此键设定扭矩测量值的起始零点。当试样未受力而扭矩值显示值大于该档位满值的 5%时就应进行清零。

“扭角清零”按键：设定当前扭转关位置为扭转起始零位。

“变形清零”按键：其功能是设定变形测量值的起始零点。

“电路调零”按键：与扭矩调零键一起使用，实现扭矩的电路调零功能。

“机械调零”按键：用来消除装夹试样时产生的额外附加扭矩，结果在主界面上显示。

(2) Reger Test 控制系统软件。RNJ－1000 液晶显示电子扭转试验机还可采用微机控制，配置全中文控制软件 Reger Test，可自动进行数据的采集处理，在实验运行过程中动态显示扭矩值、转角值、扭转角速度和扭矩-转角曲线。

计算机可通过 Reger Test 控制系统软件控制 RNJ－1000 液晶显示电子扭转试验机的工作。启动 Reger Test 控制系统软件后，显示如图 2.23 所示。Reger Test 控制系统软件的主屏幕包括主菜单、工具条、曲线显示区、扭矩显示区、变形显示区、时间显示区和速度显示区。

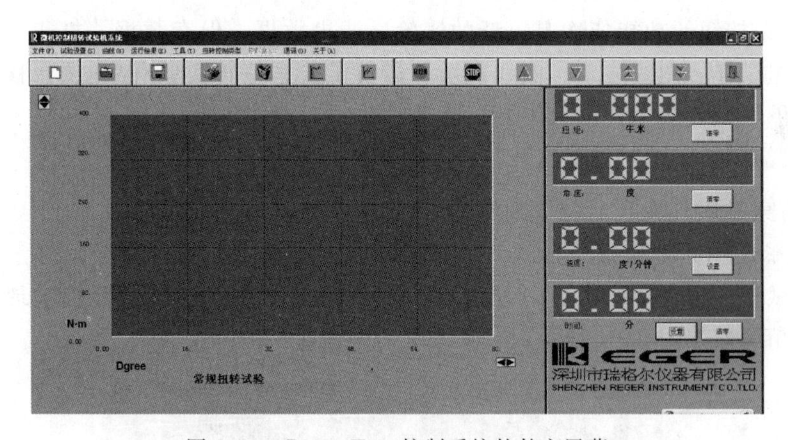

图 2.23 Reger Test 控制系统软件主屏幕

主菜单用于 Reger Test 控制系统软件功能的选择调用，可以用鼠标或键盘进行操作；工具条用于 Reger Test 控制系统软件常用功能的调用，可以用鼠标进行操作；曲线显示区用于显示实验曲线，曲线显示区中的“向下”“向上”“向左”及“向右”按钮键用于调整曲线显示时的坐标；扭矩显示区用于显示扭矩值，单击【清零】键，扭矩清零；变形显示区用于显示变形值，单击【清零】键，变形清零；时间显示区用于显示系统时间；速度显示区用于显示当前系统运动速度，单击【设置】键，设置主菜单和工具条中慢速、快速及运行的速度。

1) 主菜单及其功能。

【文件】菜单：能实现开始下一个实验、调出以前保存的实验数据、保存实验数据以便以后查询、将数据以不同格式打印输出、将数据输出到 Excel 2000 进行处理等功能。

【试验设置】菜单：能实现实验方式的选择、硬件设置（包括实验所需的扭矩传感器、角度传感器等)、软件设置（包括设置实验要求的条件、判断试样断裂的条件等)、运行参数（设置运行试件、数据处理的相关参数)、环境参数（设置打印报告所需的参数)、系统校验（对用户指定的传感器进行校验)。

【曲线】菜单：能显示（多条/单条）曲线、能激活曲线显示窗口，用户可以通过拖拽窗口来缩放窗口中的曲线，能遍历曲线上所有记录的数据点，相应的扭矩及角度通过窗口予以显示，能还原被缩放的曲线。

【运行结果】菜单：能重新计算所指定试样的实验结果，能选择要重新计算或打印的数据项，能通过手动输入实验数据特性值计算相应的数据项，能手动选取弹性阶段曲线计算相应的数据项。

【工具】菜单：能废除用户指定的要个试样的实验数据，能废除一组试样的数据，能清掉夹具对扭矩传感器所加扭矩，便于小档位下正常采集数据，能清掉小角度传感器角度，便于小档位下正常采集数据，能完成数据的计算处理。

【通讯】菜单：能连接计算机与 RG 控制器的通信（单击“联机”子菜单项，连接测控系统，连通后 RNJ－1000 液晶显示电子扭转试验机主机显示屏上显示“PC 控制”字样，可通过 Reger Test 控制系统软件控制 RNJ－1000 液晶显示电子扭转试验机的工作）、能设置计算机与 RG 控制器的通信通道。

2）工具条按钮的功能依次是：新的实验、调出数据、保存数据、打印、废除一个试样、废除一组试样、曲线显示、曲线遍历、运行试验、停止实验/停止试台移动、试台慢上、试台慢下、试台快上、试台快下、退出。

3）曲线显示区会适时显示扭转实验中的相关数据。

2.2.4　实验原理与方法

1. 测定低碳钢的剪切模量 G

低碳钢试样在扭转变形过程中 RNJ－1000 液晶显示电子扭转试验机记录得到的扭矩与相对扭转角关系如图 2.24 所示。

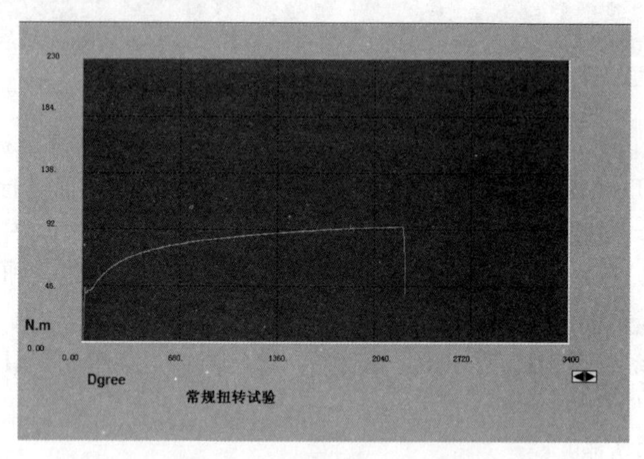

图 2.24　低碳钢扭转时扭矩与相对扭转角关系图

为了验证剪切胡克定律，在弹性范围内，采用等量逐级加载法。每次增加同样的扭矩 ΔT，若扭转角 $\Delta\varphi$ 也基本相等，即验证了胡克定律。

根据扭矩增量的平均值$\overline{\Delta T}$，测得的扭转角增量的平均值$\overline{\Delta\varphi}$，由此得到剪切模量为

$$G=\frac{\overline{\Delta T}l}{\overline{\Delta\varphi}I_P} \tag{2.9}$$

$$I_p=\frac{\pi d^4}{32} \tag{2.10}$$

式中：l 为试样的标距；I_P 为试样在标距内横截面的极惯性矩；d 为试样的直径。

2. 测定低碳钢扭转时的强度性能指标

试样在外力偶矩的作用下产生扭转变形，其上任意一点处于纯剪切应力状态。随着外

力偶矩的增加，测力矩的读数会出现停顿或下降。根据 GB/T 10128—2007《金属材料室温扭转试验方法》，首次下降前的最大扭矩是上屈服扭矩，屈服阶段中不计初始瞬时效应的最小扭矩是下屈服扭矩，其上屈服强度和下屈服强度的计算公式分别是

$$\tau_{eH}=\frac{T_{eh}}{W_P} \tag{2.11}$$

$$\tau_{eL}=\frac{T_{el}}{W_P} \tag{2.12}$$

式中：W_P 为试样在标距内的抗扭截面系数，$W_P=\frac{\pi d^3}{16}$。

在测出屈服扭矩 T_{eh} 与 T_{el} 后，直到试样被扭断为止，实验结束。从记录的扭转曲线（扭矩-扭角曲线）读出扭断前所承受的最大扭矩。试样的抗扭强度为

$$\tau_m=\frac{T_m}{W_P} \tag{2.13}$$

对于塑性变形显著的材料，还可通过下面的计算方法计算下屈服强度与抗扭强度。

从低碳钢试样在扭转变形过程中 RNJ－1000 液晶显示电子扭转试验机记录得到的 $T_e-\varphi$ 图可知，扭转过程可分为三个阶段：第一阶段，图像是斜直线，T_e 与 φ 成正比关系；第二阶段，图像是波浪线，T_e 与 φ 的正比关系被破坏，试样表面处（环状）的切应力进入屈服状态，测得刚被破坏时相应的外力偶矩 T_{ep}，则扭转屈服强度为

$$\tau_{el}=\frac{T_{ep}}{W_P} \tag{2.14}$$

随着外力偶矩的增加，横截面上会出现一个越来越大的环状的塑性区。若材料的塑性很好，且当塑性区扩展到接近中心时，横截面周边上各点的切应力仍未超过扭转屈服强度，此时 φ 随 T_e 的变化不大，测得此时的外力偶矩 T_{el}，则相应的下屈服强度 T_{el} 为

$$T_{el}=\int_0^{d/2}\tau_{el}\rho 2\pi\rho \mathrm{d}\rho=2\pi\tau_{el}\int_0^{d/2}\rho^2\mathrm{d}\rho=\frac{\pi d^3}{12}\tau_{el}=\frac{4}{3}W_P\tau_{el}$$

由于 $T=T_{el}$，由上式可得

$$\tau_{el}=\frac{3T_{el}}{4W_P} \tag{2.15}$$

过了下屈服点，扭转进入第三个阶段，T_e 与 φ 图像近似一条平直线，可以认为此时横截面上的切应力从圆心到边缘是大小相等，方向相同的。测得试样在断裂时的外力偶矩 T_m，可求得抗扭强度为

$$\tau_m=\frac{3T_m}{4W_P} \tag{2.16}$$

低碳钢试样扭断后，断口与轴线垂直，表明破坏是由切应力引起的。

3. 测定铸铁扭转时的强度性能指标

铸铁试样在扭转变形过程中 RNJ－1000 液晶显示电子扭转试验机记录得到的扭矩与相对扭转角关系如图 2.25 所示。

从 RNJ－1000 液晶显示电子扭转试验机记录的 $T_e-\varphi$ 可知，铸铁试样从开始受扭直至破坏，$T_e-\varphi$ 曲线近似是一条直线。它没有屈服现象，且扭转变形小。破坏会突然发生，断口沿螺旋线方向与轴线约成 45°，表明破坏是由拉应力引起的。测出其承受的最大

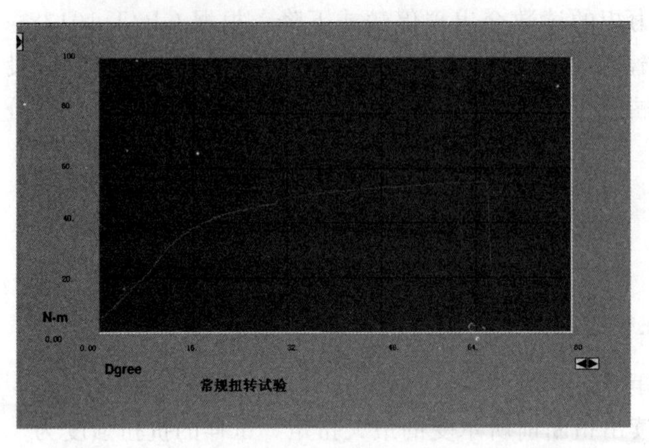

图 2.25　铸铁扭转时扭矩与相对扭转角关系图

扭矩 T_m，抗扭强度为

$$\tau_m = \frac{T_m}{W_P} \tag{2.17}$$

4. 试件断裂口

当试样受扭时，材料处于纯剪切应力状态，其主单元体应力情况如图 2.26 所示。

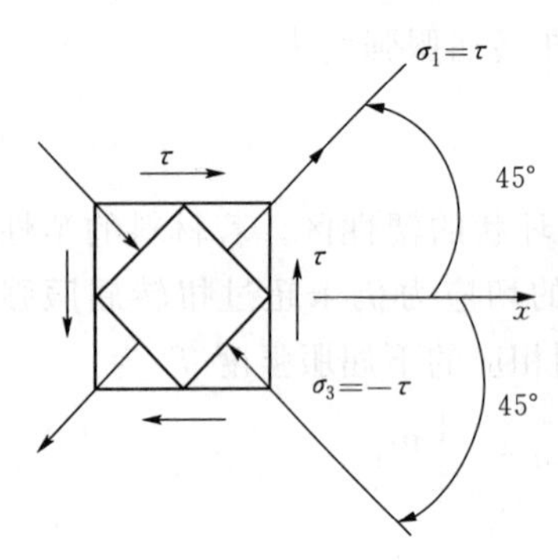

图 2.26　纯剪切应力状态图

由图 2.26 可知，圆轴扭转时横截面上作用着最大切应力 τ。而在 ±45°斜面上，分别存在主应力 σ_1（最大拉应力）和 σ_3（最大压应力），且它们的绝对值都等于 τ。低碳钢（塑性材料）的抗切（剪）能力弱于抗拉压能力，故试样受扭转破坏后，断口平齐，且沿其横截面被切（剪）断。铸铁（脆性材料）的抗压、抗切（剪）能力强于抗拉能力，故试样受扭转后，沿 45°方向被拉断，断口成一螺旋面。

2.2.5　实验步骤

1. 测定低碳钢扭转时的剪切模量和强度性能指标

（1）在标距的两端和中间三个位置上，测量试样的直径，以计算试样的平均直径。

（2）打开系统软件，在试验机上正确安装试样。

（3）打开数据板，输入试件有关参数并保存。

（4）设定加载速度（速度不宜过大），缓慢加载。记录扭矩 1N·m、11N·m、21N·m、31N·m、41N·m 时的扭转角，并注意对上屈服扭矩和下屈服扭矩进行观察。若扭矩变化停止或下降，表明整个材料发生屈服，记录上屈服扭矩与下屈服扭矩。

（5）继续加载，直至试样被扭断为止。

（6）将 $T_e-\varphi$ 曲线关系图打印输出，并进行相关数据分析。

2. 测定铸铁扭转时的强度性能指标

（1）在标距的两端和中间三个位置上测量试样的直径，以计算试样的平均直径。

（2）打开系统软件，在实验机上正确安装试样。

（3）打开数据板，输入试件有关参数并保存。

（4）设定加载速度，缓慢加载，直至试样被扭断为止。

（5）将 $T_e-\varphi$ 曲线关系图打印输出，并进行相关数据分析。

2.3 低碳钢和铸铁的冲击实验

2.3.1 实验目的

（1）测定低碳钢的冲击性能指标：冲击韧度 α_k。

（2）测定铸铁的冲击性能指标：冲击韧度 α_k。

（3）比较低碳钢与铸铁的冲击性能指标和破坏情况。

2.3.2 实验仪器及设备

（1）冲击试样。

（2）冲击试验机。

（3）游标卡尺。

2.3.3 实验试样

按照国家标准 GB/T 229—2007《金属材料夏比摆锤冲击试验方法》，金属冲击实验所采用的标准冲击试样为 10mm×10mm×55mm 并开有 2mm 或 5mm 深的 U 形缺口的冲击试样以及 45°张角 2mm 深的 V 形缺口冲击试样，如图 2.27 所示。如不能制成标准试样，则可采用宽度为 7.5mm 或 5mm 等小尺寸试样，其他尺寸与相应缺口的标准试样相同，缺口应开在试样的窄面上。冲击试样的底部应光滑，试样的公差、表面粗糙度等加工技术要求参见国家标准 GB/T 229—2007《金属材料夏比摆锤冲击试验方法》。

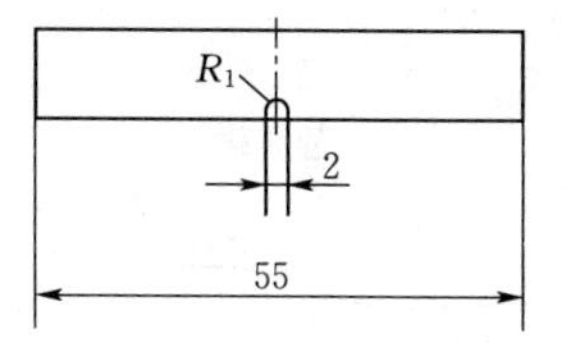

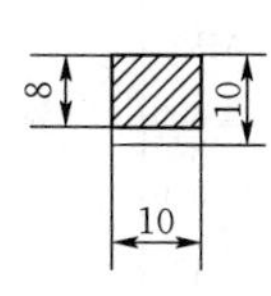

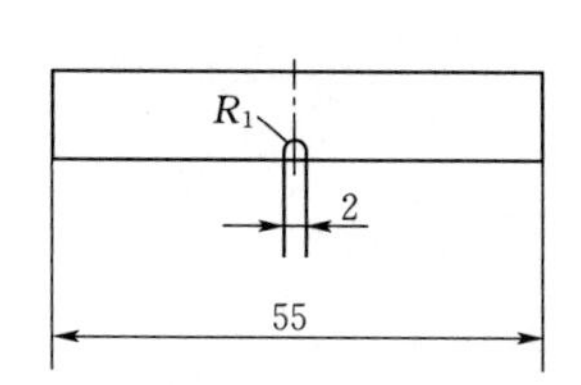

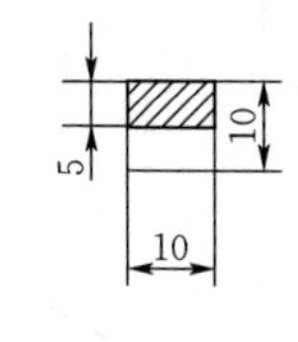

图 2.27 冲击试样

2.3.4 实验原理

1. *材料的动力强度和冲击韧度*

在讨论构件拉压或扭转时的强度和刚度时用了两个假定：①构件处于平衡状态，构件是静止的或做匀速直线运动，构件的加速度为零；②荷载是从零缓慢地增加到最终数值，并且不再发生变化。构件在满足前面两个假定下工作，称为受静荷载作用。但在工程中，我们常见到的构件是在不满足上述假定状态下工作的，如吊车加速起吊重物，这时缆绳上的轴力大于重物的重量；如打桩机工作时，锤头猛烈地冲击混凝土桩，把桩打入地下，这时桩内产生很大的压应力，远远超过仅由锤头重量产生的压应力；地震波引起建筑物晃动，甚至于倒坍。构件在不满足前面两个假定的荷载下工作，称为受动荷载作用。在动荷载作用下产生的应力称为动应力，用符号 σ_d 表示，动应力往往比对应的静应力大。

实验研究表明，金属及其他具有结晶结构的固体在弹性范围内，动荷载下的应力-应变关系仍符合胡克定律，且弹性模量 E 仍等于静荷载下的弹性模量，所以静荷载的胡克定律可直接用于动荷载。

动荷载的类别大体上有三种，即假想的惯性力、冲击和振动。本实验仅讨论冲击这类动荷载问题。

落锤打桩、汽锤锻打钢坯、冲床冲压零件、转动的飞轮突然制动或车辆急刹车等属于冲击问题。工程中的冲击问题通常是一个物体主动地去冲击另一个静止的物体。前者称为冲击物，后者称为被冲击物。锤头、旋转的飞轮都是冲击物，被锤打的桩或钢坯、固结在飞轮上的传动轴都是被冲击物。它们的共同点是荷载作用时间极为短暂，却引起了构件极大的速度变化。在这短暂的时间里，加速度变化急剧，峰值很高，因此构件内往往存在很大的动应力，甚至发生破坏。因此冲击问题的强度计算是十分重要的课题。

随着变形速度的提高，材料的弹性极限和屈服极限也提高，尤其是对于有明显屈服阶段的材料，弹性极限和屈服极限的提高特别明显。如图 2.28 所示，对于非金属、非结晶固体也如此。

对金属和结晶固体，在弹性范围内，虽然应力-应变关系不随变形速度提高而变化，但是由于屈服极限的提高，使弹性范围扩大了，如图 2.29 所示为软钢分别在静、动荷载作用下拉伸的应力应变图，从图 2.29 可知动荷载下的拉伸曲线高于静荷载下的拉伸曲线，这表示动荷载下材料显得比较硬。从图 2.29 还可以看到动荷载下材料的塑性变形小于静荷载下的塑性变形，表示材料在动荷载下比较脆。同时变形速度越大，材料也就越脆。因此在动荷载下，尤其是冲击荷载下材料的塑性性能较静荷载时差。

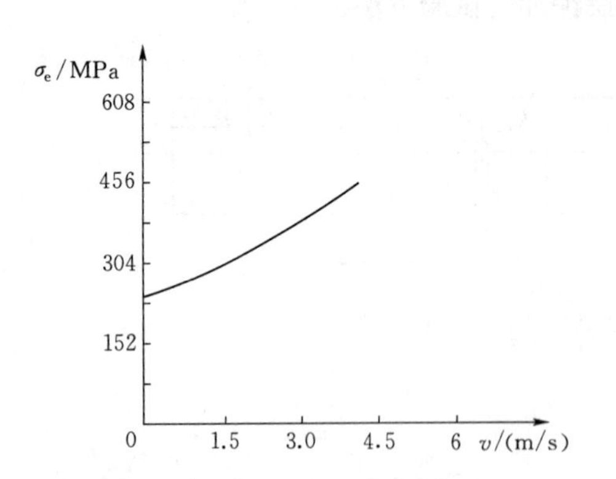

图 2.28　低碳钢的弹性极限与速度关系

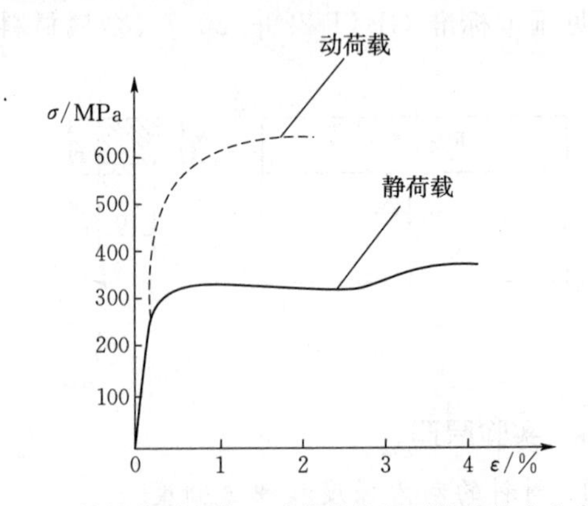

图 2.29　软钢分别在静、动荷载作用下拉伸的应力应变图

建立强度条件是：用静荷的许用应力［σ］作为动荷时的许用应力。从动荷的屈服应力高于静荷的屈服应力这点来看，似乎是保守了，但由于材料变脆，导致应力集中效应严重，降低构件的强度，故安全系数应取得大些。综合来看，由于冲击时材料变脆，弹性极限和屈服极限随冲击速度变化，故用冲击韧度 α_k 来衡量材料抗冲击能力。

冲击过程是个相当复杂的过程，精确分析和计算冲击过程中的冲击力和构件加速度是困难的，为避开冲击的复杂过程，冲击问题一般采用能量法。在冲击问题的工程实用简便计算中，一般作如下假定：①在冲击过程中，把相互碰撞的两个构件中的一个看作刚体，不考虑它的变形，把另一个看作变形体，计算它的变形能、变形量以及冲击应力，碰撞系数取为0；②冲击过程中只有动能、势能和变形能之间的转换，不转化为其他能量如热能、声能、电能等；③不考虑构件内应力波的传播过程，假定在瞬间构件各处同时变形；④为了计算方便，常把被冲击物的质量看作为0，略去被冲击物因变形而产生的势均力敌能变化。

图 2.30　摆锤式冲击试验机

摆锤式冲击试验机如图 2.30 所示，JB-300B 摆锤式冲击实验机由主机身、取摆机构、挂脱摆机构、自动扬摆讯号装置、标度盘、摆锤、防护装置、电气部分组成。该机最大冲击能量为 300J，并带有 150J 摆锤一个。所用试样断面为 10mm×10mm。主要对冲击韧性较大的黑色金属，特别是钢铁及其合金进行实验。该产品的实验原理是利用摆锤冲击前位能与冲击后所剩位能之差在度盘上显示出来的方式，得到所实验试样的吸收功。

使摆锤从一定的高度自由落下，撞断试样。若摆锤重量为 W，冲击中摆锤质心高度由 H_0 变为 H_1，势能的变化为 $W(H_0-H_1)$，等于冲断试样消耗功 K，功的绝大部分被缺口局部吸收。用 K 除以试件最小横截面面积 A，得到冲断时切槽处单位横截面上需消耗的能量，它代表材料的韧度。

$$\alpha_k=\frac{W(H_0-H_1)}{A}=\frac{K}{A} \tag{2.18}$$

式中：K 为由指针显示出的能量值。

α_k 的单位是 J/mm^2，α_k 值越高，材料的抗冲击性能也就越好。一般来说，塑性越好的材料，其 α_k 值也就越高，脆性材料是不宜作受冲构件的。

往往用字母 V 和 U 表示缺口几何形状，用下标数字 2 或 8 表示摆锤刀刃半径，如 KV_2。V 形缺口试件对冲击荷载比 U 形试件更敏感。应力、应变高度集中于缺口顶端附近，对 V 形试件的 α_k 值可直接用 K 表示。

实验表明许多材料的 α_k 值随温度降低而降低，如图 2.31 所示。图 2.31 表示了低碳钢试件在冲断时吸收的能量 K 与温度的关系。从图 2.31 可知，有一狭窄的温度范围，在这范围里温度下降不多，但 K 却猛跌。这个温度称为转变温度，在转变温度以下，α_k 值很低，材料显得很脆。即使原先塑性很好的材料，在转变温度下也显得很脆，这种现象称为冷脆。转变温度是材料性能的转折点，构件在转变温度下是不能工作的。

切槽试件被冲断后，切口附近的断面部分呈晶粒状，属脆性断口；另一部分断面呈纤维状，属塑性断口。若用 V 形试件，可以明显地区分两种性质的断口。用一组同材料的试件，在不同温度下做冲击实验。各试件断面的脆性断口面积随温度降低而增加。在某个温度下，呈晶粒状的脆性断口面积占整个断面面积的 50%，定义这个温度为转变温度，称为 FATT，如图 2.31 中虚线所示。

不是所有的金属都有冷脆现象。铜、铝等金属就基本上没有冷脆现象，在很大的温度

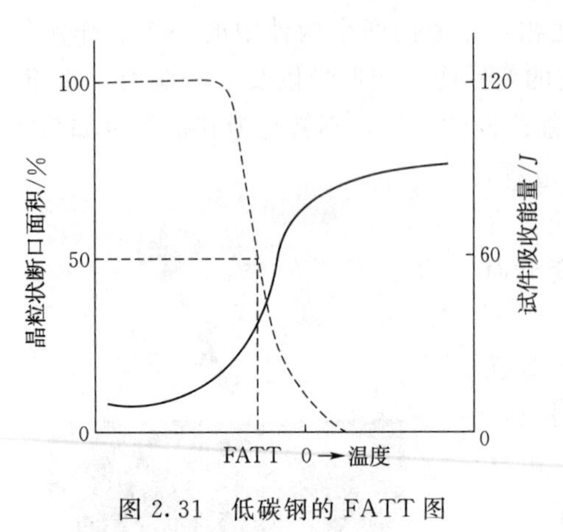

图 2.31　低碳钢的 FATT 图

范围内，α_k 值变化很小。

2. 提高构件抵抗冲击能力的措施

变截面的等强度梁与同强度的等截面梁相比，两者静强度相同（在同荷载下 σ_r 相等），而刚度是等强度梁小（静位移大），所以等强度梁的抗冲击能力优于等截面梁。但在提高静位移、减小动荷系数的同时，应注意避免提高静应力，否则，动荷系数虽然小，但动应力仍会增加。例如，一根受水平冲击的直杆，长为 l，截面积为 A_0［图 2.32（a）］，如果把它的某一段截面削弱，截面积为 $A_1 < A_0$［图 2.32（b）］，虽然杆的静位移增大，但是静应力却同时提高，导致动应力仍比未削弱时的动应力高。因此，采用削弱构件截面来降低动荷系数的做法是不可取的，应避免把受冲拉（压）杆件设计为变截面杆。如果必须有削弱的截面，那么应尽量增加削弱部分的长度，甚至于整个长度全部削弱，如图 2.32（c）所示。

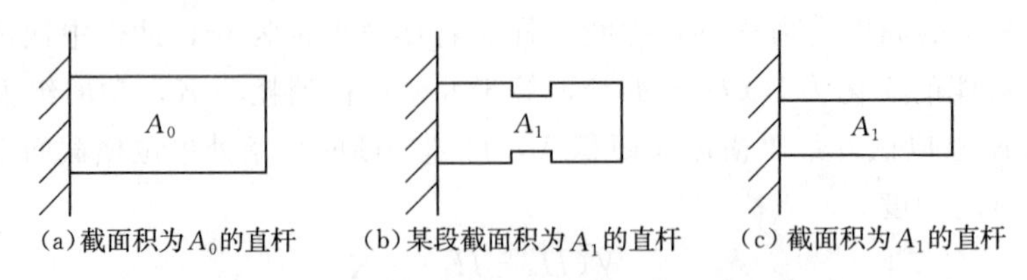

(a) 截面积为 A_0 的直杆　(b) 某段截面积为 A_1 的直杆　(c) 截面积为 A_1 的直杆

图 2.32　轴向受冲杆合理截面

把刚性支座改为弹性支座是提高构件抗冲击能力的良好措施，能提高构件的静位移，而不影响构件的静应力。例如在卡车大梁与轮轴之间安装叠板弹簧；火车车窗玻璃与窗框之间安装橡皮垫圈；一些新型建筑，以大块玻璃为墙，这些玻璃也都是嵌在弹性约束之中。这些弹性元件不仅起到了缓冲作用，还能吸收一部分冲击动能，可以明显地降低构件动应力。

对于等截面受冲拉（压）或扭转杆件，增大构件尺寸可以降低动应力。这是由于变形发生在整个构件，冲击的能量转化为变形能分散于整个构件，体积大则单位体积的变形能就小，于是动应力降低。如钻孔机的汽缸盖常受活塞强有力的冲击，汽缸盖上的短螺栓容易发生破坏［图 2.33（a）］，但图 2.33（b）所示的长螺栓就具有较高的抵抗冲击的能力。此外，像螺钉这类变截面杆，用于受冲击作用的场合时，应使光杆部分的直径与螺纹的内径接近相等。这样，既增大了螺杆的柔性，也使螺钉的各部分能较为均匀地吸收能量。

2.3.5　实验步骤

（1）了解冲击试验机的操作规程和注意事项。

（2）测量试样的尺寸。

（3）取摆。按下“取摆”按钮，通过继电器和离合器、接触器的动作，摆锤扬至最高位置后，碰到微动开关，电机停转，其他电器线路复位，保险销伸出。

（4）退销。按下“退销”按钮，保险销退回。

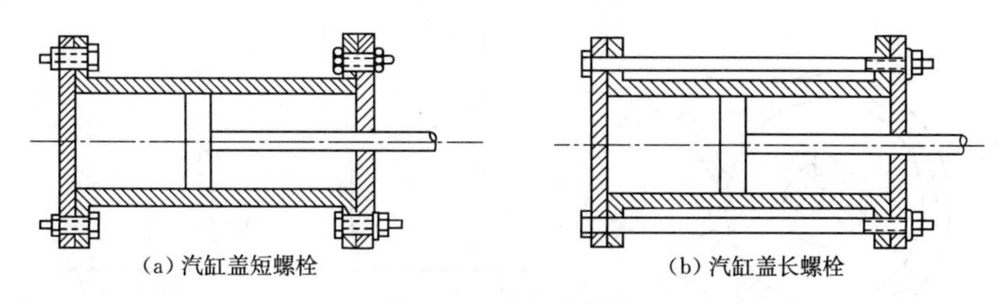

图 2.33 汽缸盖螺栓

(5) 冲击。按下“冲击”按钮，电磁铁工作、实现落摆冲击。

(6) 放摆。按下“放摆”按钮，实验工作结束，把摆放下来。

(7) 读数。通过刻度盘的刻度读数，刻度都是事先标好的，越靠近零刻度，每个刻度间的距离越大，越靠近最大刻度，刻度值之间的距离越小。

2.4 低碳钢的疲劳实验

2.4.1 实验目的

(1) 观察疲劳失效现象和断口特征。

(2) 了解测定材料疲劳极限的方法。

2.4.2 实验设备

(1) 疲劳试验机。

(2) 游标卡尺。

(3) 试件。

2.4.3 实验原理

1. 疲劳破坏

构件内的应力随时间变化，这种应力称为交变应力。工程上大多数构件是处于交变应力状态下工作的，例如机床的轴，即使在不变荷载下工作，应力的最大值与最小值都不变，但轴上各点的应力却因轴的转动而在最大值、最小值之间做周期性的变化；车辆过桥或吊车在吊车大梁上行走时，梁上应力随车辆（吊车）位置变化而变化；高耸的建筑物在风的作用下发生随机振动、行驶的车辆在道路上颠簸，都使建筑物或车辆的构件中的应力也随机变化。图 2.34 所示为齿轮的某齿根一点 A 的应力变化图，图 2.35 所示为梁在电机偏心作用下做强迫振动时的应力变化图。

在交变应力下，构件在较低的应力水平时（低于屈服极限，甚至满足强度条件），经长期反复工作，仍可能会发生断裂，习惯上称为疲劳破坏。据统计，机械零部件的失效，有 80%是疲劳破坏。“疲劳”是人们在不了解交变应力下破坏实质时的一种误解，误认为在长期工作下，材料因为“疲劳”而发生材质的变化，从而破坏。现代研究表明，长期工作的材料，其力学性能、材料组织结构并无多大变化，“疲劳”只是一个拟人化的猜测，但把交变应力下的破坏称为“疲劳破坏”的习惯名词却保留下来。

疲劳破坏有三个明显的特征：

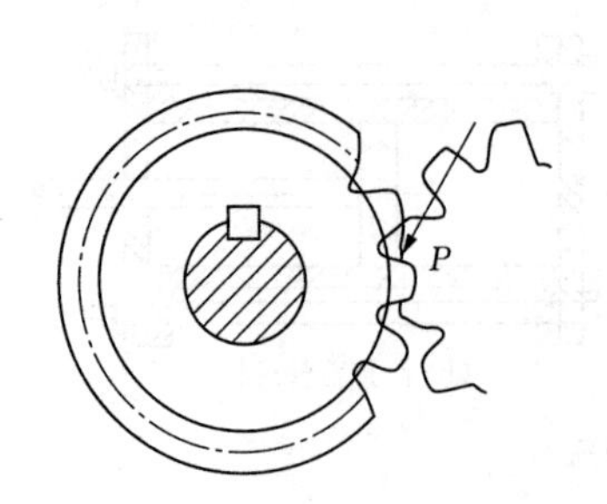

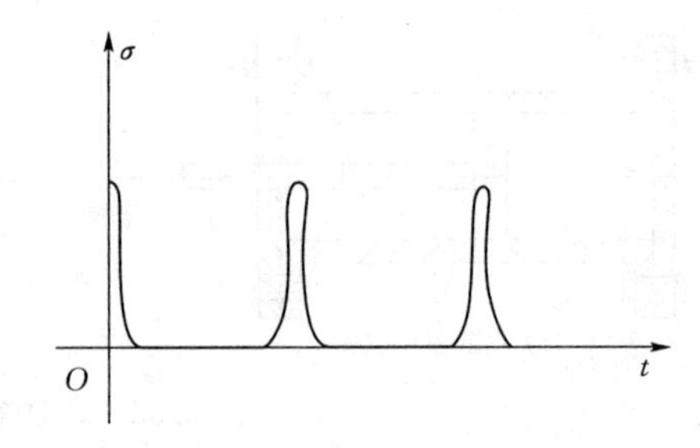

图 2.34　齿轮的交变应力

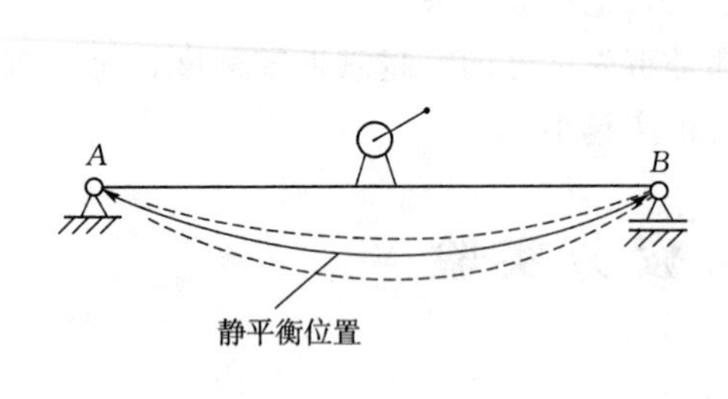

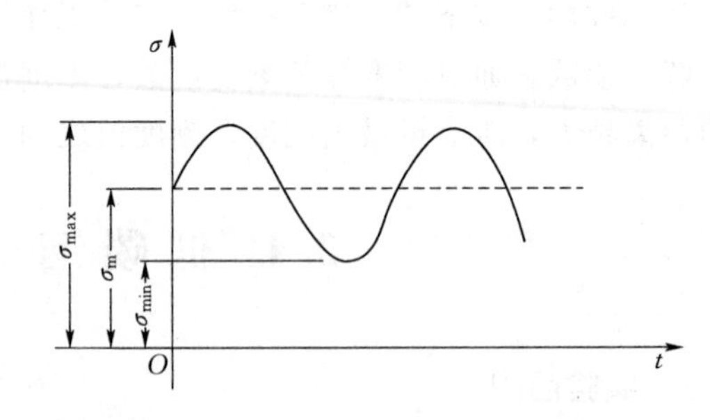

图 2.35　梁的振动应力

（1）低应力破坏构件的最大应力远远低于材料的强度极限（σ_b或 τ_b）时，甚至低于屈服极限时，构件就断裂破坏。

（2）脆性断裂是突然发生的，即使是塑性材料制的构件，在破坏前也无显著的塑性变形。

（3）断口由截然不同的两个区域——光滑区和粗糙区组成。这一特征成为诊断疲劳破坏事故的证据。疲劳断口如图 2.36 所示。

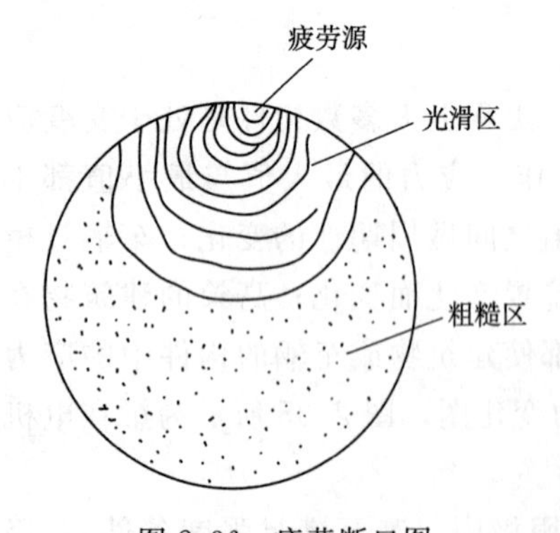

图 2.36　疲劳断口图

现代实验研究、理论分析结果对疲劳破坏现象解释为：由于构件的外形变化、表面受损或材料内部的缺陷、夹杂等，导致应力集中，形成局部的高应力区，在交变应力的作用下，局部高应力区萌生微裂纹称为疲劳源，目前工程上把长度为 0.05～0.1mm 的裂纹定为工程起始裂纹。微裂纹尖端的严重应力集中，促使微裂纹逐渐扩展。在交变应力下，裂纹两侧时张时合（交变正应力作用）或左右错动（交变剪应力作用），犹如研磨抛光，形成断口中的光滑区。当裂纹增长到一定程度，有效截面已远小于原始截面，且裂纹尖端的高度应力集中，使裂纹尖端区域成为三向拉伸应力状态，裂纹尖端附近材料的真实应力已远远地超过屈服应力，因此在振动或冲击的干扰下，裂纹以极大的速度扩展至全截面，从而产生突然的脆性断裂，形成断口的粗糙区域。总之，疲劳的实质是构件在交变应力作用下，局部高应力区的微裂纹形成，扩展直至断裂的全过程。

疲劳破坏发生前，往往没有明显的预兆，由于突然发生，从而造成严重的事故，如飞机失事、火车颠覆、桥梁倒塌等重大事故。因此在交变应力下工作的构件，必须进行疲劳强度计算。

2. 材料的疲劳强度及其测定

(1) 交变应力的基本参数。构件的疲劳强度与交变应力的规律是有密切联系的，所以必须正确地描述交变应力规律，常使用一些参数或术语来描述交变应力规律。

应力随时间变化的过程称为应力时间历程，图 2.37 给出周期性变化的交变应力时间历程；应力每重复一次称为一个应力循环；构件承受的应力重复变化次数称为循环次数，记为 N；完成一次应力循环所需要的时间，称为周期，记为 T；构件在交变应力作用下，从开始到断裂经历的循环次数称为疲劳寿命，疲劳寿命与交变应力规律有关；一次应力循环中，应力的最大、最小值（代数值）分别称为最大应力、最小应力，记为 S_{max}、S_{min}（代表 σ_{max}、σ_{min} 或 τ_{max}、τ_{min}）；最大应力与最小应力的平均值称为平均应力，记为 S_m（代表 σ_m 或 τ_m）；最大应力与最小应力差的一半称为应力幅，记为 S_a（代表 σ_a 或 τ_a）。故有

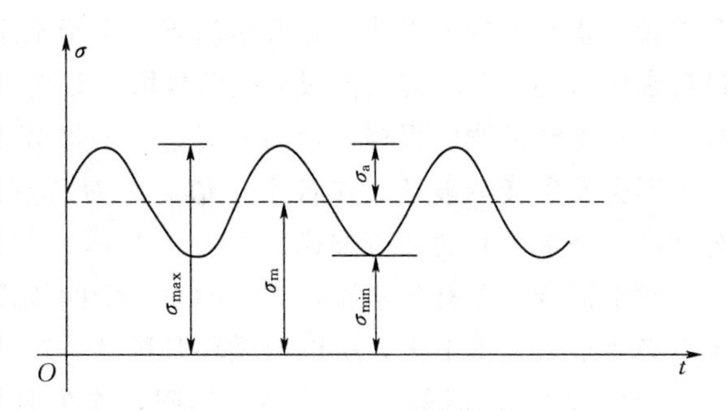

图 2.37　交变应力

$$S_m=\frac{S_{max}+S_{min}}{2} \tag{2.19}$$

$$S_a=\frac{S_{max}-S_{min}}{2} \tag{2.20}$$

最小应力与最大应力的比值称为循环特征或应力比，记为 r，r 的表达式为

$$r=\frac{S_{min}}{S_{max}}(当|S_{min}|<|S_{max}|)$$

或

$$r=\frac{S_{max}}{S_{min}}(当|S_{max}|<|S_{min}|) \tag{2.21}$$

循环特征 r 永远在 $[-1，1]$ 之间。当 $r=-1$ 时，称为对称循环；$r\neq-1$ 时，称为非对称循环；当 $r=0$ 时，称脉冲循环；当 $r=1$ 时，即静荷载。

在 S_{max}、S_{min}、S_a、S_m、r 这 5 个参数中只要知道其中任意 2 个，就可以求出其他参数。σ_{max} 小于 0 的，一般不会发生疲劳破坏，因为裂纹在压应力下不会扩展。

交变应力的周期和应力幅都不变的称为稳定的交变应力；周期变化而应力幅不变的称为等幅疲劳；若周期不变，应力幅变化，称为变幅疲劳；若周期、应力幅都是变化的，称为随机疲劳。变幅疲劳和随机疲劳都是构件受到不稳定交变应力作用而产生的，不稳定交变应力的时间历程称为应力谱。

本实验只进行等幅疲劳的疲劳强度计算。

(2) 等幅疲劳的疲劳实验理论原理。实验是在专门的疲劳实验机上完成的，对一组（8～10 根）光滑（表面磨光）小试样进行实验，这组试样承受应力比 r 相同，S_{max} 不同的交变应力，直至破坏。在规定的应力比 r 下，通常第一根的最大应力 S_{max_1}（即 σ_{max_1} 或 τ_{max_1}）取 $0.6R_{el}$ 加载至断裂，其疲劳寿命记为 N_1；然后，对第二根试样加载，它的最大应

力 S_{max_2} 稍小于第一根，记下疲劳寿命为 N_2；随 S_{max_i} 降低，疲劳寿命 N_i 提高，将点(S_{max_i}，N_i)连成曲线，称为在应力比 r 下的 $S-N$ 曲线，如图 2.38 所示。钢的 $S-N$ 曲线会出现一条水平的渐近线，它表示当 S_{max} 小于某个值，就不会发生疲劳破坏，称此值为此材料在应力比 r 时的持久极限或疲劳极限，记为 S_r（σ_r 或 τ_r）。钢的 $S-N$ 曲线在 $N \geqslant 10^7$ 时，与水平渐近线已很接近，因此规定钢的循环基数 N_0 取为10^7，即到 $N \geqslant N_0 = 10^7$，便认为不会发生疲劳破坏。在各个 r 值下，对称疲劳的持久极限 S_{-1}J 最小的，也就是说，对称疲劳是最不利的疲劳方式。

对于铝合金等有色金属，它们的 $S-N$ 曲线没有明显的水平渐近线，而实验既不可能又无必要永久地做下去，所以取循环基数 N_0 为一个大于10^7 的数，通常为$(5 \sim 10) \times 10^7$，将疲劳寿命为 N_0 时的 S_r 定为持久极限，作为名义持久极限。

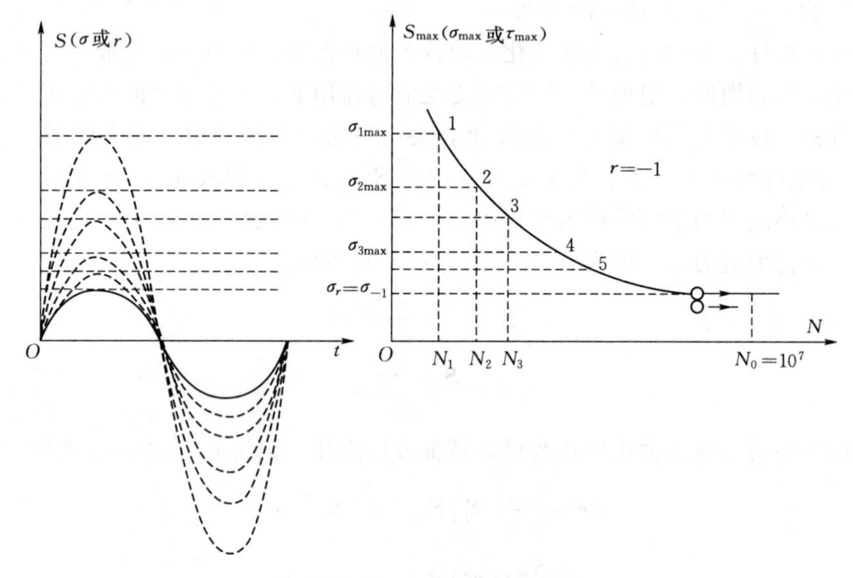

图 2.38　持久极限测定

S_r 不是一个材料常数，它不仅决定于 r 值，而且跟加载方式有关。

影响构件持久极限的主要因素主要有三个指标：构件外形的突然变化，例如槽、孔、螺纹等，会引起应力集中，促使微裂纹（疲劳源）早形成，降低疲劳寿命，降低持久极限；构件尺寸越大，内部包含的缺陷也相应地增多，且颗粒也较大，即使经过锻打，大型锻件内部的缺陷也难全打碎，构件尺寸增大，产生疲劳源的可能性就大，构件的持久极限也将低于小试件的持久极限；构件表面没有磨光，构件加工过程中或在搬运、工作过程中留下切削印痕、划痕等都成为疲劳源，从而降低构件的持久极限。

(3) 材料疲劳极限的测定。图 2.39 所示为弯曲疲劳实验机，可用它来测定材料在弯曲对称循环下的疲劳极限。以软钢为例，将钢材加工成直径为 6～10mm 且表面磨光的标准试样（常称为光滑小试样)，通常要用 8～12 根试样。实验时，将试样的两端装在实验机的夹持器内，施加一定的荷载，调好计数器后便可启动电机，带动试样旋转。试样每旋转一周，横截面上各点的弯曲正应力便经历一个对称的应力循环。第一根试样所加荷载，应使试样中的最大应力约为静强度极限 σ_b 的 60%，经过一定的循环次数后，试样发生断裂，计数器自动记录下断裂前所经历的循环次数 N_i。第二根试样的荷载按一定的级差（一般分为 7 级，高应力水平其极差应大些，应力水平较低时级差应小些）减小，再测出试样断裂前所经历的循环次数 N_2。如此逐级减小荷载，依次进行实验。当荷载降低到一定水平时，若试样经过规定的循环基数 N_0 后不发生断裂，可在此基础上提高半级荷载，用另一根试样再进行试验，如果经 N_0 次循环后仍不发生疲劳破坏，便可依据该试样的尺寸和所加荷载，算出最大弯曲正应力值，作为这一组试件的钢材在弯曲对称循环下的疲劳极限 σ_{-1}。脚标表示循环特征 $r=-1$。

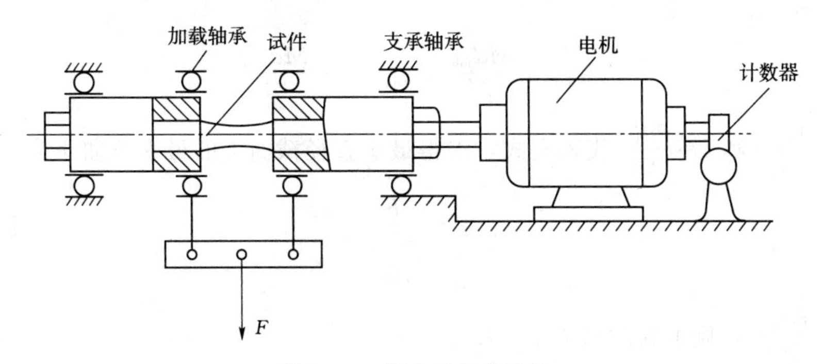

图 2.39 弯曲疲劳实验机

若以试样的最大弯曲正应力 σ_{max} 为纵坐标，以循环次数 N 的对数值 $\lg N$ 为横坐标，把上述各试样的实验数据用相应的点绘出，其规律如图 2.40 所示。应力水平较高的断裂点基本上位于一条斜直线上，随着应力水平的降低，曲线逐渐趋向水平。图中 7、8 两点表示试样经过了循环基数 N_0 后未发生疲劳破坏的数据点，第 8 点的纵坐标值就是用上述方法确定的钢材在弯曲对称下的疲劳极限。

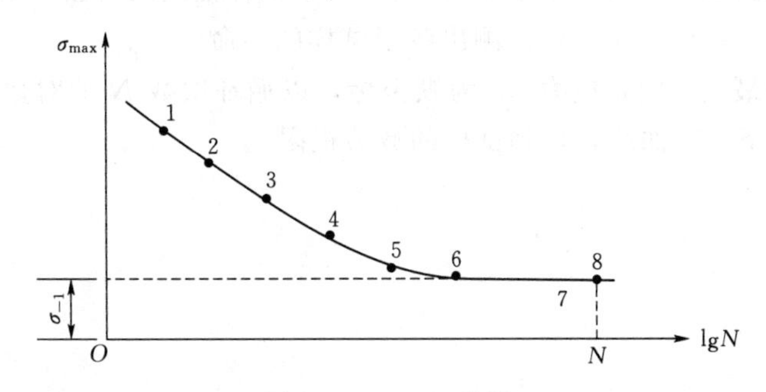

图 2.40 S-N 曲线

应当指出：上述用少数试样经疲劳实验而绘出的 $S-N$ 曲线，只能提供粗略数据，或者作为预备实验。若要得到材料的精高度的 $S-N$ 曲线，需采用成组实验法和升降法，并按数理统计方法找出每一应力水平下寿命的分布规律，其详细内容可参阅有关实验指导和国家标准。

实验表明，材料的疲劳极限不仅与材料性质有关，而且还与循环特征 r 以及变形形式有关。

2.4.4 实验步骤

（1）测量试样最小直径 d_{min}。

（2）查出或计算出 K 值，K 称为加载乘数。

计算方法如下：

在弯曲扭转实验机上，试样与两个同心轴组成一个承受弯曲的“整体梁”，它支承于两端的轴承上，载荷 F 通过加力架作用于梁上。梁的中段“试样”为纯弯曲，且弯矩 $M=\frac{1}{2}Fa$。梁由高速电机带动，在套筒中高速旋转，于是试样横截面上任一点的弯曲正应力，皆为对称循环交变应力，若试样的最小直径为 d_{min}，最小截面边缘上一点的最大应力和最小应力为

$$\sigma_{max}=\frac{Md_{min}}{2I}，\sigma_{min}=-\frac{Md_{min}}{2I}$$

将 $M=\frac{1}{2}Fa$ 和 $I=\frac{\pi d_{min}^4}{64}$ 代入上式，求得最小直径截面上的最大弯曲正应力为

$$\sigma=\frac{F}{\frac{\pi d_{min}^3}{16a}}$$

令 $K=\frac{\pi d_{min}^3}{16a}$，则上式改写为 $F=K\sigma$。

（3）计算应加砝码的质量。载荷中包括套筒、砝码盘和加力架的重量 G，由 $F'=K\sigma-G$，根据确定的应力水平 σ，可计算出应加砝码的质量。

（4）将试样安装于套筒上，拧紧两根连接螺杆，使它与试样成为一个整体。

（5）加上砝码。

（6）开机前托起砝码，在运转平稳后，迅速无冲击地加上砝码，并将计数器调零。

（7）加载，直至试样断裂，记下寿命 N_1，取下试样描绘疲劳破坏断口的特征。

（8）重复（3）～（7）步，依次测出各根试样的寿命 N_i。

（9）以试样的最大弯曲正应力 σ_{max} 为纵坐标，以循环次数 N 的对数值 $\lg N$ 为横坐标，建立坐标系，绘出 $S-N$ 曲线，得到试样的疲劳极限。

第3章 电测应力分析实验

3.1 二向应力状态的电测法

3.1.1 胡克定律

在各向同性材料上，有一个处于三向应力状态的单元体，其上的应力分量分别为 σ_x、τ_x、σ_y、τ_y、σ_z、τ_z，如图 3.1 所示。

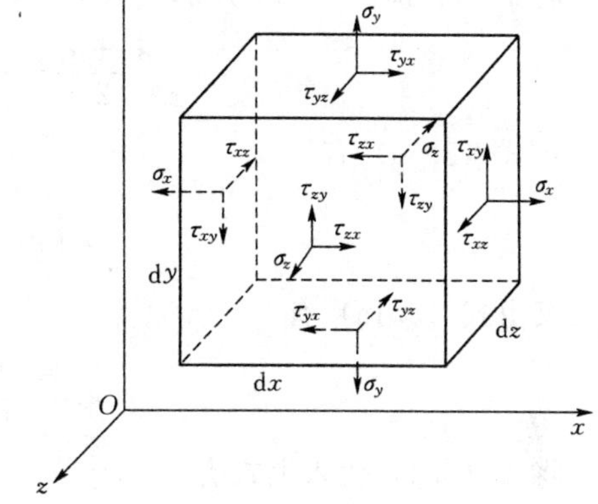

图 3.1 三向应力状态的单元体

则在线弹性、小变形条件下满足广义胡克定律如下：

$$\left.\begin{aligned}\varepsilon_x &= \frac{1}{E}[\sigma_x-\mu(\sigma_y+\sigma_z)]\\ \varepsilon_y &= \frac{1}{E}[\sigma_y-\mu(\sigma_z+\sigma_x)]\\ \varepsilon_z &= \frac{1}{E}[\sigma_z-\mu(\sigma_x+\sigma_y)]\end{aligned}\right\} \tag{3.1a}$$

$$\left.\begin{aligned}\gamma_x &= \frac{\tau_x}{G}\\ \gamma_y &= \frac{\tau_y}{G}\\ \gamma_z &= \frac{\tau_z}{G}\end{aligned}\right\} \tag{3.1b}$$

由式（3.16）可解出用应变表示应力的广义胡克定律：

$$\left.\begin{aligned}\sigma_x &= \frac{E}{1-\mu^2}[\varepsilon_x+\mu(\varepsilon_y+\varepsilon_z)]\\ \sigma_y &= \frac{E}{1-\mu^2}[\varepsilon_y+\mu(\varepsilon_x+\varepsilon_z)]\\ \sigma_z &= \frac{E}{1-\mu^2}[\varepsilon_z+\mu(\varepsilon_y+\varepsilon_z)]\end{aligned}\right\} \tag{3.2a}$$

$$\left.\begin{aligned}\tau_x &= G\gamma_x\\ \tau_y &= G\gamma_y\\ \tau_z &= G\gamma_z\end{aligned}\right\} \tag{3.2b}$$

设该单元体前、后两平面上的应力为 0，则相应面上的应变亦为 0。广义胡克定律可写为

$$\left.\begin{aligned}\sigma_x&=\frac{E}{1-\mu^2}(\varepsilon_x+\mu\varepsilon_y)\\ \sigma_y&=\frac{E}{1-\mu^2}(\varepsilon_y+\mu\varepsilon_x)\end{aligned}\right\}\tag{3.3a}$$

$$\left.\begin{aligned}\tau_x&=G\gamma_x\\ \tau_y&=G\gamma_y\end{aligned}\right\}\tag{3.3b}$$

无 x、y 轴的线应变 ε_x、ε_y 可通过电阻应变片进行测量，切应变 γ_x 是不容易直接测量的，如何才能利用电阻应变片测量切应变呢？

由于在平面应力状态下任一斜截面（α 截面）上的正应力分量为

$$\sigma_\alpha=\frac{\sigma_x+\sigma_y}{2}+\frac{\sigma_x-\sigma_y}{2}\cos2\alpha-\tau_x\sin2\alpha$$

将 $\alpha=45°$ 和 $\alpha=-45°$ 分别代入上式，得

$$\sigma_{45°}=\frac{\sigma_x+\sigma_y}{2}-\tau_x \quad 和 \quad \sigma_{-45°}=\frac{\sigma_x+\sigma_y}{2}+\tau_x\tag{3.4}$$

由式（3.3a）有

$$\sigma_x+\sigma_y=\frac{E}{1-\mu}(\varepsilon_x+\varepsilon_y)\tag{3.5}$$

又由式（3.1a）有

$$\varepsilon_{45°}=\frac{1}{E}(\sigma_{45°}-\mu\sigma_{-45°})$$

将式（3.4）代入上式有

$$\varepsilon_{45°}=\frac{1-\mu}{E}\frac{\sigma_x+\sigma_y}{2}-\frac{1+\mu}{E}\tau_x$$

将式（3.5）代入上式有

$$\varepsilon_{45°}=\frac{\varepsilon_x+\varepsilon_y}{2}-\frac{\gamma_x}{2}$$

由上式可解出

$$\gamma_x=(\varepsilon_x+\varepsilon_y)-2\varepsilon_{45°}$$

由上可知电测法的广义胡克定律，可写为

$$\left.\begin{aligned}\sigma_x&=\frac{E}{1-\mu^2}(\varepsilon_x+\mu\varepsilon_y)\\ \sigma_y&=\frac{E}{1-\mu^2}(\varepsilon_y+\mu\varepsilon_x)\\ \tau_x&=\frac{E}{2(1+\mu)}(\varepsilon_x+\varepsilon_y-2\varepsilon_{45°})\end{aligned}\right\}\tag{3.6}$$

即可通过测量线应变 ε_x、ε_y、$\varepsilon_{45°}$，得到原始单元体的应力分量 σ_x、τ_x、σ_y。由平面应力状态理论分析，得主应力、主方向等。

3.1.2　电测法的基本原理

电测法的基本原理是用电阻应变片测定构件表面的线应变，再根据应变-应力关系确

定构件表面的应力状态。这种方法是将电阻应变片粘贴在被测构件表面，当构件变形时，电阻应变片与构件一起变形，则电阻应变片的电阻值将发生相应的变化，然后通过电阻应变仪将此电阻变化转换成电压（或电流）的变化，再换算成应变值或者输出与此应变成正比的电压（或电流）的信号，由记录仪进行记录，就可得到所测定的应变或应力。其原理如图 3.2 所示。

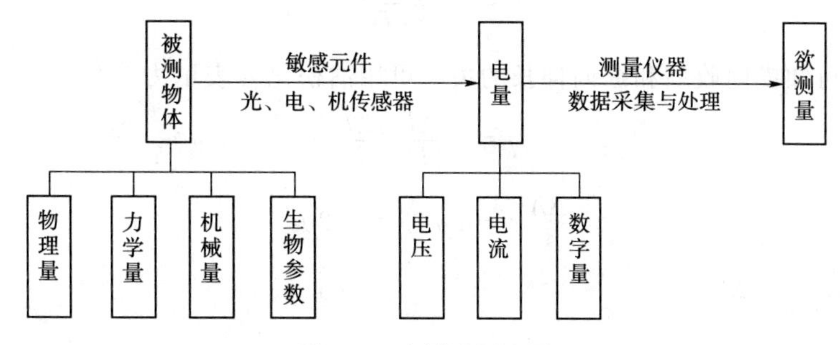

图 3.2 电测法原理图

电测法具有如下优点：

（1）测量灵敏度和精度高。其最小应变为 1×10^{-6}。在常温静态测量时，误差一般为 1%～3%；动态测量时，误差在 3%～5%范围内。

（2）测量范围广。可测 $\pm1\times10^{-6}\sim2\times10^{4}\times10^{-6}$；力或重力的测量范围为 $10^{-2}\sim10^{5}$N。

（3）频率响应好。可以测量从静态到 105Hz 动态应变。

（4）轻便灵活。电阻应变仪的尺寸很小，最小标距可达 0.2mm，可粘贴在构件的很小部位上以测取局部应变，利用由电阻应变计组成的应变花，可以测量构件一点处的应变状态，应变计的质量很小，其惯性影响甚微，故能适应高速转动等动态测量。在现场或野外等恶劣环境下均可进行测量。

（5）能在高温、低温或高压等特殊环境下进行测量。

（6）便于与计算机连接进行数据采集与处理，易于实现数字化、自动化及无线电遥测。

当然，电测法也有局限性，一般情况下，只便于构件表面应变的测量；在应力集中的部位，因应力梯度很大，则测量误差较大。

3.2 电测法电路及其工作原理

3.2.1 应变片概况

1. 电阻应变效应

导体或半导体材料在外力作用下产生机械形变时，其电阻值也相应发生变化的物理现象称为电阻应变效应。

设有一根长度为 l、截面积为 A、电阻率为 ρ 的金属丝，它的电阻 R 表示为

$$R=\rho\frac{l}{A}$$

当金属丝受轴向应力 σ 作用被拉伸时，由于应变效应其电阻值将发生变化。当长度变

化 Δl、面积变化 ΔA、电阻率变化为 $\Delta\rho$ 时，则其电阻相对变化可表示为

$$\frac{\Delta R}{R}=\frac{\Delta\rho}{\rho}+\frac{\Delta l}{l}-\frac{\Delta A}{A} \tag{3.7}$$

对于直径为 D 的圆形截面的电阻丝，因为 $A=\frac{\pi D^2}{4}$，所以

$$\frac{\Delta A}{A}=2\frac{\Delta D}{D}$$

由力学中可知横向收缩和纵向伸长的关系可用泊松比 μ 表示为

$$\mu=-\frac{\Delta D}{D}\Big/\frac{\Delta l}{l}$$

所以
$$\frac{\Delta A}{A}=-2\mu\frac{\Delta l}{l}=-2\mu\varepsilon$$

式中：ε 为应变，$\varepsilon=\frac{\Delta l}{l}$。

式（3.7）可写成

$$\frac{\Delta R}{R}=\frac{\Delta l}{l}(1+2\mu)+\frac{\Delta\rho}{\rho}=\left(1+2\mu+\frac{\Delta\rho/\rho}{\Delta l/l}\right)\frac{\Delta l}{l}=K\varepsilon \tag{3.8}$$

式中：K 为金属电阻丝的应变灵敏度系数，它表示单位应变所引起的电阻相对变化。

式（3.8）表明，K 的大小由两个因素影响：$(1+2\mu)$表示由几何尺寸的改变所引起；$\frac{\Delta\rho/\rho}{\Delta l/l}$表示材料的电阻率 ρ 随应变所引起的变化。对于金属材料而言，以前者为主；而对于半导体材料，K 值主要由后者即电阻率相对变化所决定。

2. 电阻应变片的结构

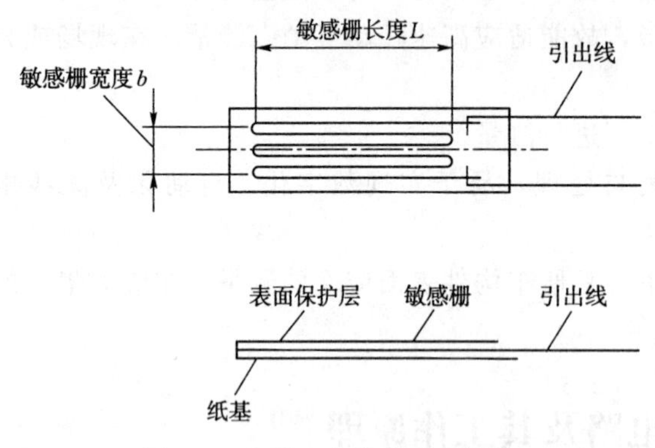

图 3.3　电阻应变片的形状结构

根据电阻合金材料的应变电阻效应原理制成的应变传感元件称为电阻应变计，或简称为应变片。应变片可用于测量构件表面应变大小，并将非电量的线应变转换为电阻的变化。应变片一般由敏感栅（电阻线栅）、基底（纸基、胶基）、引出线和表面保护层组成（图3.3）。电阻应变片的电阻值最常用的为120Ω，特殊应变片通常有350Ω、500Ω、600Ω、1000Ω等，其线栅宽 b 和长度 L 根据使用需要制成多种规格，以供选用。当电阻应变片粘贴于构件上后，在外力作用下构件的伸长或缩短，将使应变片也随之伸长或缩短，从而改变了电阻应变片的电阻值。根据试验可知，当线应变 ε 不超过一定范围时（$\varepsilon=0\sim10^{-2}$），应变片电阻的变化率与线应变之比为一常数，即$\frac{\Delta R/R}{\varepsilon}=K$，$K$ 为应变片的灵敏系数。它与电阻箔材的材料和电阻应变片的形状有关，其值为1.8～2.4。

几种类型的电阻应变片如下：

（1）纸基电阻应变片或胶基应变片（图 3.3）。

（2）残余应力应变片（图 3.4）。

（3）裂纹扩展应变片（图 3.5）。

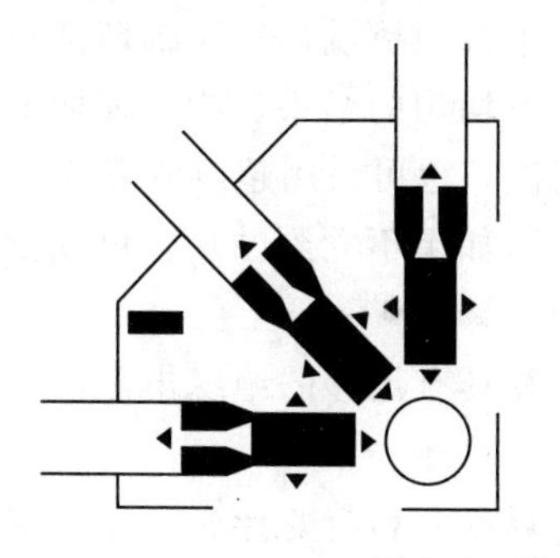

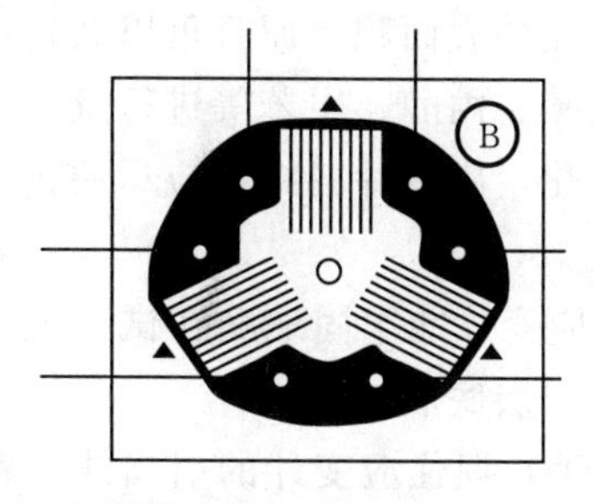

图 3.4　残余应力应变片

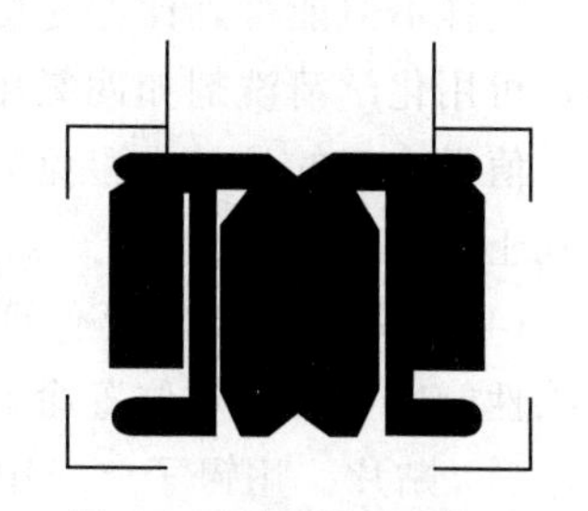

图 3.5　裂纹扩展应变片

（4）电阻应变花。测量平面应变场一点应变状态，需要在一点上粘贴 2 个或 3 个应变计以测出该点 2 个或 3 个方向的线应变。为使用方便和保证各应变计相对位置准确，制造时先把 2 个或 3 个，甚至 4 个敏感栅按一定的相对位置排列在同一基底上，称为电阻应变花。它不仅使用方便，而且也简化了计算工作。常用的几种应变花如图 3.6 所示。若测点主应变方向已知可采用图 3.6（a）或图 3.6（b）类应变花；若测点主应变方向未知，应采用图 3.6（c）或图 3.6（d）类应变花。

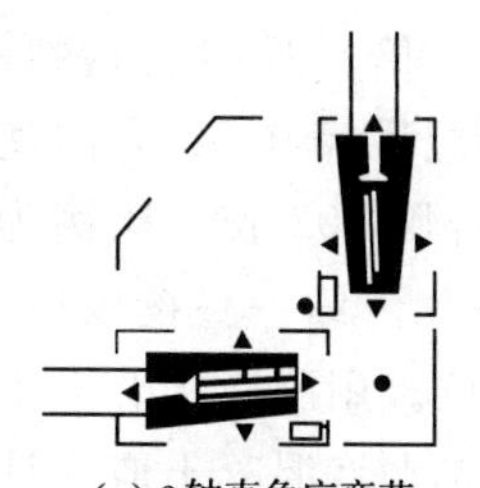

(a) 2 轴直角应变花

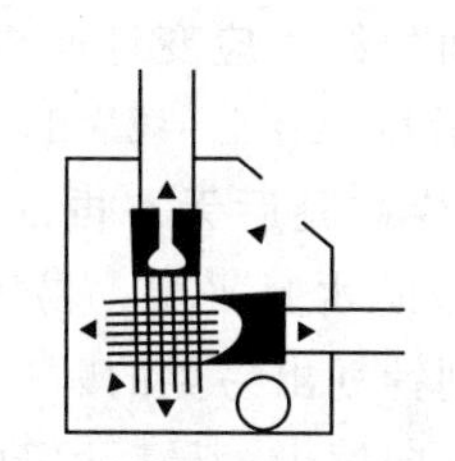

(b) 2 轴直角叠加应变花

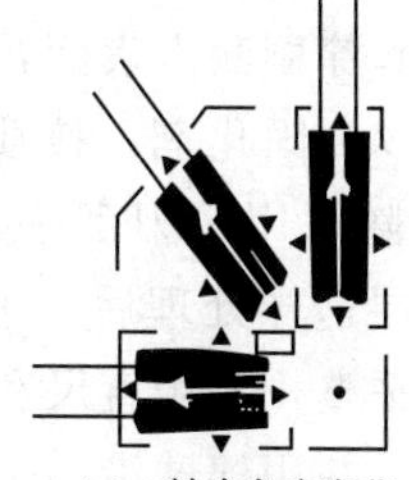

(c) 3 轴直角应变花

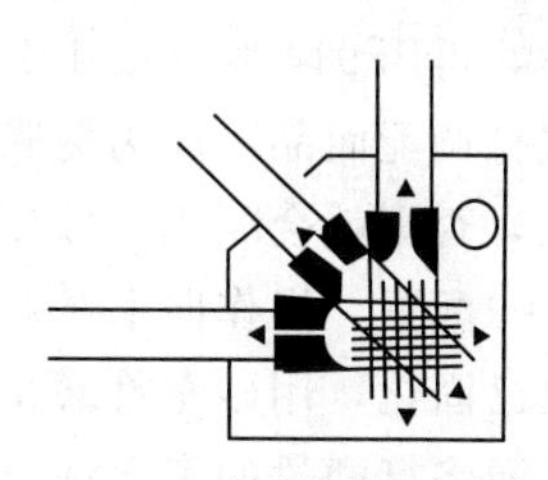

(d) 3 轴直角叠加应变花

图 3.6　常用的几种应变花

（5）高温、中温、低温、常温应变片和水下应变片。

3. 应变片的选择、粘贴、连接和防护方法

（1）选择应变计。根据被测物的工作状况选择应变计。检查应变片有无损伤，观察应变片的敏感栅是否整齐、均匀，是否有锈斑以及断路、短路和折弯等现象。引出线有无折断。用万用表测量电阻值，要求同一组应变片的电阻值相差应小于 0.2Ω。否则，电阻值相差超过 0.5Ω 以上的应变计将不易调节初始平衡。

（2）选择胶黏剂。根据应变片的基底材料选择胶黏剂，再根据应变片的工作状况作如下选择。

1）若短期应变测量，选用 502 等快干胶。

2）若长期应变测量，选用 H－610、SX－902、H－611 等胶黏剂。

（3）试件的表面处理。为了获得良好的黏合强度，必须对试件表面进行处理，清除试

件表面杂质、油污及疏松层等。一般的处理办法可采用砂纸打磨，较好的处理方法是采用无油喷砂法。将试件待测位置用砂纸打磨出与贴片方向成45°角的交叉纹路，面积约为应变计的3～5倍。表面光洁度1．6～2．5μm为宜，用划针在测点处划出贴片定位线，并用浸有无水乙醇的棉球将待贴位置及周围擦洗干净，始终沿一个方向擦洗，直至棉球洁白为止。这样不但能得到比抛光更大的表面积，而且可以获得质量均匀的结果。为了表面的清洁，可用化学清洗剂如四氯化碳、丙醇、甲苯等进行反复清洗，也可采用超声波清洗。

值得注意的是，为避免氧化，应变片的粘贴应尽快进行。如果不立刻贴片，可涂上一层凡士林暂作保护。

(4) 底层处理。为了保证应变片能牢固地贴在试件上，并具有足够的绝缘电阻，改善胶接性能，可在粘贴位置涂上一层底胶。

(5) 贴片。用镊子（或用手）捏住应变计的引出线，在测点处和应变计底面涂一层胶黏剂，将应变片放在测点上并仔细对准位置和方向。在应变片上面放一张比应变片稍大的塑料纸，用手指滚压挤出多余的黏结剂和气泡。用手指均匀地挤压应变片2～3min（若胶黏剂为502胶水，只需30min就可以使用；若选用H－610等胶黏剂，须根据该胶黏剂的要求，在应变片及试件上加压加温固化，48～96h后才能使用）。使应变计和试件完全黏合后再放开，从应变计引出线的一端向另一端轻轻揭掉塑料薄膜，用力方向尽量与粘贴表面平行，以防将应变计带起。值得指出的是黏结剂不要用得过多或过少，过多使胶层太厚影响应变计性能，过少则黏结不牢，不能准确传递应变。

若构件为混凝土构件，则先将构件上贴片处的表面刷去灰浆和浮尘，用丙酮清洗干净，再用914胶（或102胶）涂刷测点表面，面积约为应变计面积的5倍。914胶由两种成分调配而品，A为树脂，B为固化剂，按质量比A∶B＝2∶1，调配后需在5min内使用，否则就会凝固。涂刷时随时用铲刀刮平，待初凝后无需再刮。若用102胶，比例为1∶1配置，操作向上。对底层这样处理后，可以防水且平整，易于贴片。约一昼夜以后，胶已固化，用砂布打磨光滑平整，并用直尺和划针划出易见的贴片方位。用脱脂棉、无水乙醇将打磨过的表面洗干净，并用棉球沿一个方向擦干，最后用502胶水将混凝土应变计贴在构件上。

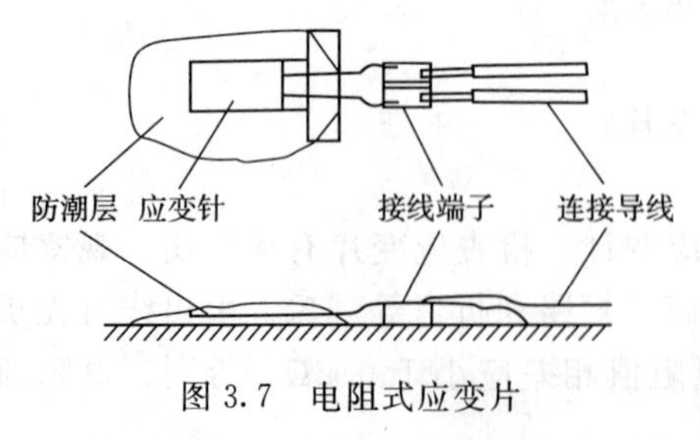

图3.7 电阻式应变片

(6) 固化。在应变针引出线端用胶黏剂粘贴印刷电路板制成的接线端子，用20～30W电烙铁将引出线和输出导线焊接在接线端子上（图3.7）。

(7) 检查。用兆欧表测量应变计敏感栅对地的绝缘电阻。若绝缘电阻大于500MΩ或无穷大时，表明胶黏剂已完全干透或无短路现象。

(8) 检查。用万用表检查应变片的电阻值无误后，用防潮剂在应变针、接线端子表面及周围涂一层1～2mm厚的防潮层（图3.7）。

4. 防水防潮材料

长期使用的应变计和在液体中使用的应变片，必须要有防水防潮措施。防水防潮材料种类较多，如脂类防潮剂、石蜡类防潮剂、常温防水剂、环氧树脂防水涂料等。

(1) 石蜡防潮剂。石蜡防潮剂的配比：

凡士林　30%

黄蜡或白蜡　30%

机油　20%

松香　20%

配制时，先将松香加热熔化，再加入石蜡、凡士林和机油混合均匀，煮沸 15～25min 除去水分，冷至 40～500℃时使用。冬季使用时，由于涂敷面和环境温度低，涂在应变片及应变片周围的防潮剂很快就凝固，不易涂匀，可用电吹风对涂敷面进行预热和助熔处理，使涂层均匀而严密。

(2) 环氧树脂防水涂料。按 6101 环氧树脂∶650 聚酯胶树脂＝100∶(40～60) 的比例，将 6101 环氧树脂与 650 聚酯胶树脂混合后，再加入丙酮 20mL 搅拌均匀待用。在涂刷环氧树脂防水剂时，时间不要拖得太长，否则环氧树脂会固化。涂好环氧树脂防水剂的试件或传感器，一般情况下都要存放 2～4d 才能投入使用。

3.2.2　电桥基本特征

通过电阻应变片可以将试件的应变转换成应变片的电阻变化，由于测得的应变通常很小，则电阻的变化也是一个很小的值。测量电路的作用就是将电阻应变片感受到的电阻变化率$\frac{\Delta R}{R}$变换成电压（或电流）信号，再经过放大器将信号放大、输出。

测量电路有多种，惠斯登电桥是最常用的电路，如图 3.8 所示。设电路各桥臂电阻分别为 R_1、R_2、R_3、R_4，其中任一桥臂可以是电阻应变片。电桥的 A、C 为输入端，接电源 E、B、D 为输出端，输出电压为 U_{BD}。

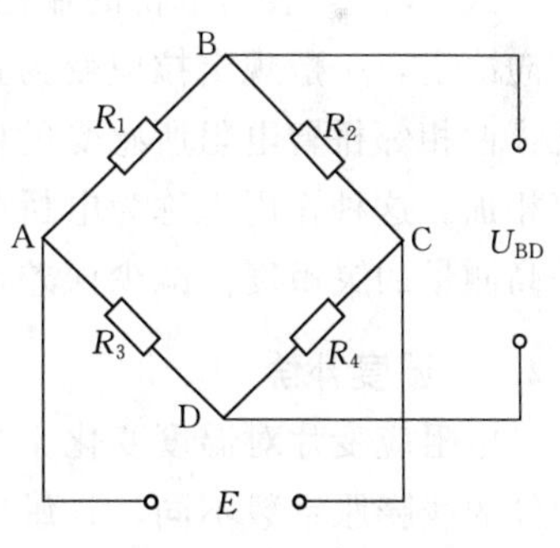

图 3.8　惠斯登电桥

从 ABC 半个电桥来看，A、C 间的电压为 E，流经 R_1 电流为

$$I_1=\frac{E}{R_1+R_2}$$

R_1 两端电压降为

$$U_{AB}=I_1R_1=\frac{R_1E}{R_2+R_1}$$

同理，R_3 两端电压降为

$$U_{AD}=I_3R_3=\frac{R_3E}{R_3+R_4}$$

因此可得到电桥输出电压为

$$U_{BD}=U_{AB}-U_{AD}=\frac{ER_1}{R_1+R_2}-\frac{ER_3}{R_3+R_4}=\frac{E(R_1R_4-R_2R_3)}{(R_1+R_2)(R_3+R_4)}$$

由上式可知，当

$$R_1R_4=R_2R_3 \text{ 或} \frac{R_1}{R_2}=\frac{R_3}{R_4}$$

时，输出电压 U_{BD} 为零，称为电桥平衡。

设电桥的4个桥臂与粘在构件上的4个电阻应变片连接，当构件变形时，其电阻值的变化分别为$R_1+\Delta R_1$、$R_2+\Delta R_2$、$R_3+\Delta R_3$、$R_4+\Delta R_4$，此时电桥的输出电压为

$$U_{BD}=E\frac{(R_1+\Delta R_1)(R_4+\Delta R_4)-(R_2+\Delta R_2)(R_3+\Delta R_3)}{(R_1+\Delta R_1+R_2+\Delta R_2)(R_3+\Delta R_3+R_4+\Delta R_4)}$$

整理、简化并略去高阶小量，可得

$$U_{BD}=E\frac{R_1R_2}{(R_1+R_2)^2}\left(\frac{\Delta R_1}{R_1}-\frac{\Delta R_2}{R_2}-\frac{\Delta R_3}{R_3}+\frac{\Delta R_4}{R_4}\right)$$

由于电阻应变仪是测量应变的专用仪器，电阻应变仪的输出电压U_{BD}是用应变值ε_d直接显示的。电阻应变仪有一个灵敏度系数K_0，在测量应变时，只需将电阻应变仪的灵敏度系数调节到与应变片的灵敏度系数相等，则$\varepsilon_d=\varepsilon$，即应变仪的读数$\varepsilon_d$值不需要进行修正。否则，需按下式进行修正：

$$K_0\varepsilon_d=K\varepsilon$$

则其输出电压为

$$U_{BD}=\frac{EK}{4}(\varepsilon_1-\varepsilon_2-\varepsilon_3+\varepsilon_4)=\frac{EK}{4}\varepsilon_d \tag{3.9}$$

由此可得电阻应变仪的读数为

$$\varepsilon_d=\varepsilon_1-\varepsilon_2-\varepsilon_3+\varepsilon_4 \tag{3.10}$$

式中：ε_1、ε_2、ε_3、ε_4分别为R_1、R_2、R_3、R_4的应变值。

式（3.9）表明电桥的输出电压与各桥臂应变的代数和成正比。应变ε的符号由变形方向决定，一般规定拉应变为正，压应变为负。由式（3.10）可知，电桥具有以下基本特性：两相邻桥臂电阻所感受的应变ε代数值相减；而两相对桥臂电阻所感受的应变ε代数值相加。这种作用也称为电桥的加减性。利用电桥的这一特性，正确地布片和组桥，可以提高测量的灵敏度，减少误差，测取某一应变分量和补偿温度影响。

3.2.3　温度补偿

电阻应变片对温度变化十分敏感。当环境温度变化时，因应变片的线膨胀系数与被测构件的线膨胀系数不同，且敏感栅的电阻值随温度的变化而变化，所以测得应变将包含温度变化的影响，不能反映构件的实际应变。因此在测量中必须设法消除温度变化的影响。消除温度影响的措施是温度补偿。在常温应变测量中温度补偿的方法是采用桥路补偿法，它是利用电桥特性进行温度补偿。

（1）补偿块补偿法。把粘贴在构件被测点处的应变片（称为工作片）接入电桥的AB桥臂。另外以相同规格的应变片粘贴在与被测构件相同材料但不参与变形的一块材料上，并与被测构件处于相同温度条件下，称为温度补偿片。将温度补偿片接入电桥与工作片组成的测量电桥的半桥，电桥的另外两桥臂为应变仪的内部固定无感标准电阻，组成等臂电桥。由电桥特性可知，只要将补偿片正确地接在桥路中即可消除温度变化所产生的影响。

（2）工作片补偿法。这种方法不需要补偿片和补偿块，而是在同一被测构件上粘贴几个工作应变片。根据电桥的基本特性及构件的受力情况，将工作片正确地接入电桥中，即可消除温度变化所引起的应变，得到所需测量的应变。

3.2.4　应变片在电桥中的接线方法

应变片在测量电桥中，利用电桥的基本特性，可用各种不同的接线方法以达到温度补偿的目的，从复杂的变形中测出所需要的应变分量，提高测量灵敏度和减少误差。

1. 半桥接线法

(1) 单臂测量（或称1/4桥）[图3.9 (a)]。电桥中只有一个桥臂接工作应变片（常用AB桥臂），而另一桥臂接温度补偿应变片 $R_2=R$（常用BC桥臂）。CD和DA桥臂接应变仪内标准电阻。考虑温度引起的电阻变化，按式 (3.10) 可得应变仪的读数为

$$\varepsilon_d=\varepsilon_1+\varepsilon_{1t}-\varepsilon_{2t}$$

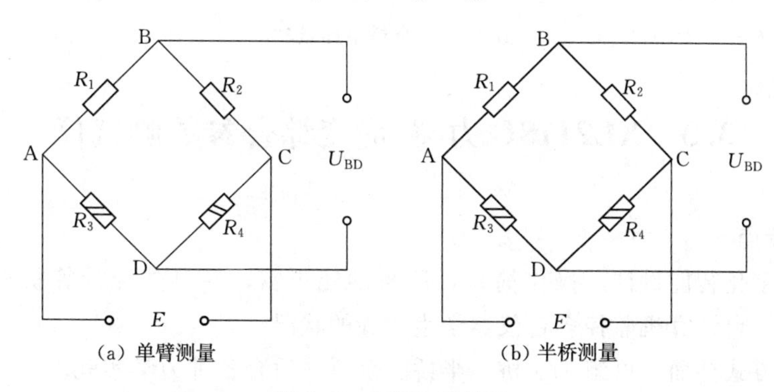

(a) 单臂测量　　(b) 半桥测量

图3.9　半桥电路接法

由于 R_1 和 R_2 温度条件完全相同，因此 $(\Delta R_1/R_1)_t=(\Delta R_2/R_2)_t$，所以电桥的输出电压只与工作片引起的电阻变化有关，与温度变化无关，即应变仪的读数为

$$\varepsilon_d=\varepsilon_1 \tag{3.11}$$

(2) 半桥测量 [图3.9 (b)]。电桥的两个桥臂AB和BC上均接工作应变片，CD和DA两个桥臂接应变仪内标准电阻。两个工作应变片处在相同温度条件下，$(\Delta R_1/R_1)_t=(\Delta R_2/R_2)_t$，所以应变仪的读数为

$$\varepsilon_d=(\varepsilon_1+\varepsilon_{1t})-(\varepsilon_2+\varepsilon_{2t})=\varepsilon_1-\varepsilon_2 \tag{3.12}$$

由于桥路的基本特性自动消除了温度的影响，所以无需另接温度补偿片。

2. 全桥接线法

(1) 对臂测量 [图3.10 (a)]。电桥中相对的两个桥臂接工作片（常用AB和CD桥臂），另两个桥臂接温度补偿片 ($R_2=R_3=R$)。此时，4个桥臂的电阻处于相同的温度条件下，相互抵消了温度的影响。应变片的读数为

$$\varepsilon_d=(\varepsilon_1+\varepsilon_{1t})-\varepsilon_{2t}-\varepsilon_{3t}+(\varepsilon_4+\varepsilon_{4t})=\varepsilon_1+\varepsilon_4 \tag{3.13}$$

(2) 全桥测量 [图3.10 (b)]。电桥中的4个桥臂上全部接工作应变片，由于它们处于相同的温度条件下，相互抵消了温度的影响。应变仪的读数为

$$\varepsilon_d=\varepsilon_1-\varepsilon_2-\varepsilon_3+\varepsilon_4 \tag{3.14}$$

(3) 桥臂系数。同一个被测量值，其组桥方式不同，应变仪的读数 ε_d 也不同。测量出的应变仪的读数 ε_d 与待测应变 ε 之比为桥臂系数，因此桥臂系数 B 为

$$B=\frac{\varepsilon_d}{\varepsilon} \tag{3.15}$$

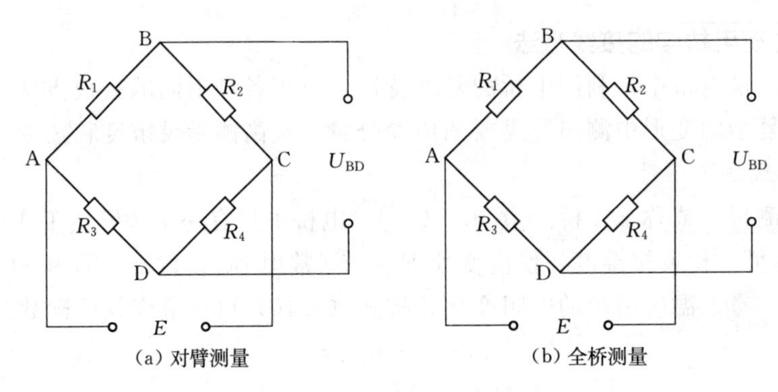

(a) 对臂测量　　(b) 全桥测量

图 3.10　全桥电路接法

3.3　XL2118C 力 & 应变综合参数测试仪

3.3.1　性能特点

（1）全数字化智能设计，操作简单，测量功能丰富，并可选配计算机网络接口及软件，由教师用一台计算机监控多台仪器学生实验的状况。

（2）组桥方式全面，可组 1/4 桥、半桥、全桥，适合各种力学实验。

（3）配接力传感器测量拉压力，传感器配接范围广、精度高（0.01%）。

（4）测点切换采用进口优质器件程控完成，减少因开关氧化引起的接触电阻变化对测试结果的影响。

（5）采用仪器上面板接线方式，接线简单方便；接线端子采用进口端子，接触可靠，不易磨损。

（6）1 个测力窗口和 6 个应变测量窗口，使各测点随不同载荷下的应变直观地同时显示出来，显示直观清晰，在一般情况下，不必进行通道切换即可完成全部实验。

3.3.2　仪器说明

1. 面板介绍

XL2118C 力 & 应变综合参数测试仪面板如图 3.11 所示，主要包括测力模块和应变测量部分，其中测力模块中有：①6 位 LED 屏，用于显示拉压力；②4 个发光二极管，用来显示测量力的单位，分别是 t/kN/kg/A；③4 个按键，分别是设定、清零、N/kg 和 kN/t；④电源开关，位于整个仪器的左下方。应变测量部分有：①2 位 LED 屏，用于显示测量通道序号；②5 位 LED 屏，用于显示应变值；③3 个功能键，分别是系数设定、自动平衡、通道切换。

2. 背板介绍

XL2118C 力 & 应变综合参数测试仪背板如图 3.12 所示。

3.3.3　使用说明

1. 按键功能说明

测力模块的 4 个功能键功能见表 3.1。

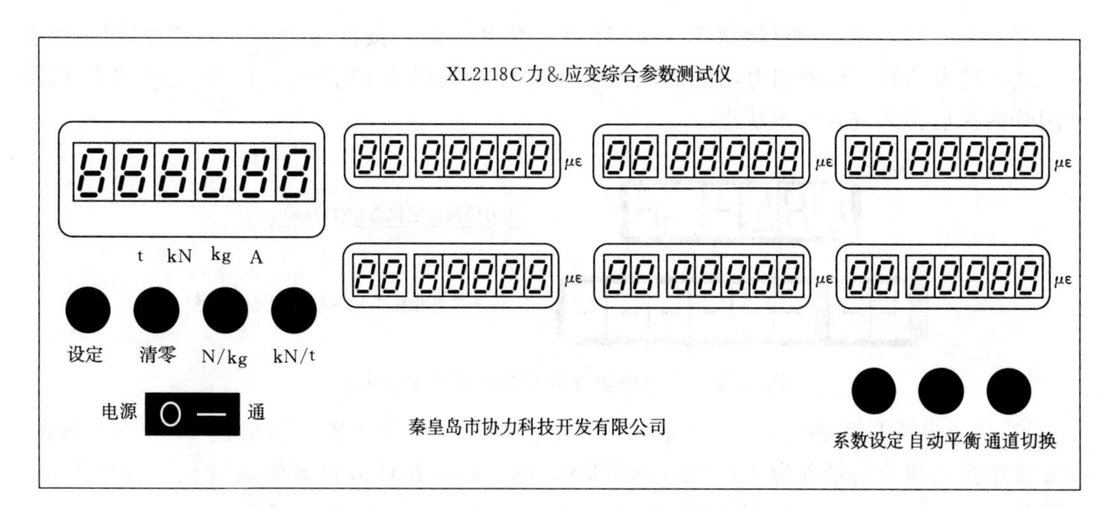

图 3.11　XL2118C 力 & 应变综合参数测试仪面板

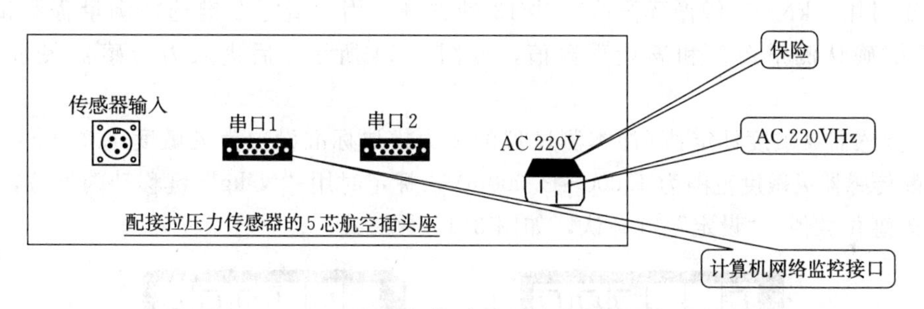

图 3.12　XL2118C 力 & 应变综合参数测试仪背板

表 3.1　测力模块中的功能键及其功能

功能键	功　　能
“设定”键	存储键，如修正系数和测量单位发生修改，则将数据存入系统
“清零”键	对传感器测试通道进行应力及应变的清零操作
“N/kg”键	该键只在输入传感器满量程这个指标时生效，从左到右循环移动闪烁位
“kN/t”键	循环递增闪烁位数值，从0～9，到9后，再按该位数值变为0

应变测量部分中的三个功能键功能见表 3.2。

表 3.2　应变测量部分的功能键及其功能

功能键	功　　能
系数设定	存储键，存储当前设定的灵敏系数（1.00～3.00），如所设系数未超出范围，则新灵敏系数生效并返回测量状态
自动平衡	从左到右循环移动闪烁位
通道切换	循环递增闪烁位数值，从0～9，到9后，再按该位数值变为0

2. 预设工作

（1）测力模块的标定。测试仪的测力模块在使用时对满量程、灵敏度等参数都有一个标准设置。用户在标定过程中应输入这两个参数才能得到正确的传感器拉压力示值。

开启电源后，在系统自检状态（LED 显示全 8）时，按住测力部分的“设定”键约 2s，之后进入该测试仪的测力功能模块的设定过程，如图 3.13 所示。LED 显示如下字样并闪烁两次后正式进入标定状态。

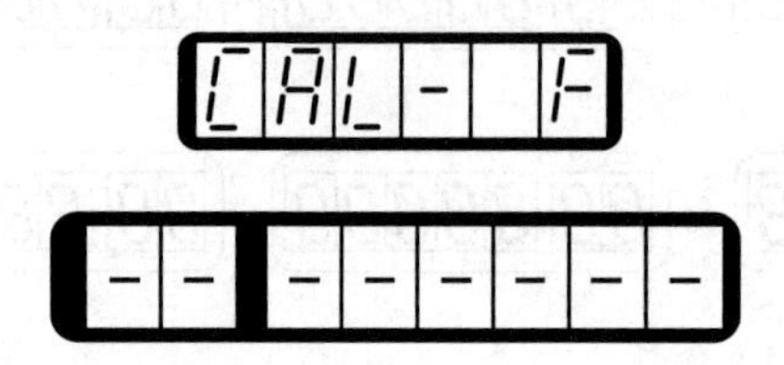

图 3.13 测力模块及应变测量部分标定状态

1）传感器满量程的标定：（注本测试仪的测力模块标准设置为满量程 10000N）测试仪允许配接的传感器量程为 1～10000N（kN，kg，t），并且传感器的满量程应为如下 13 个数值中的一个整数：1/2/5/10/20/50/100/200/500/1000/2000/5000/10000。

标定时用“kN/t”键循环修改，共 13 种选择。用“清零”键选择满量程测试单位，“设定”键确认测量单位和满量程数值，如图 3.14 所示，后进入力传感器灵敏度设置功能。

2）传感器灵敏度标定：（注本测试仪的测力模块标准设置为灵敏度 1.000mV/V）测试仪适配传感器灵敏度范围为 1.000～3.000mV，标定时用“N/kg”键移动闪烁位，“kN/t”键修改闪烁位数值，“设定”键确认，如图 3.15 所示。

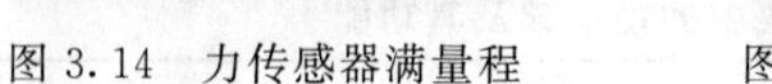

图 3.14 力传感器满量程　　图 3.15 力传感器灵敏度

输入完毕后，LED 显示如图 3.16 所示，表示测力功能模块标定完毕。关机后再次开机，本仪器的测力模块将按新的标定系数进行工作。

图 3.16 测力模块标定完成

（2）应变测量模块的使用方法。打开仪器上面板，会看到接线部分如图 3.17 所示。这些端子由 16 个测量通道接线端子（接测量片）和 1 个公共补偿接线端子（用于 1/4 桥—半桥单臂测试）组成。

各测点中接线端子 A、B、C、D 定义如图 3.18 所示的电桥原理示意图。B1 为测量电桥的辅助接线端，以实现 1/4 桥测试时的稳定测量。半桥、全桥测试时不使用 B1 端。

具体的组桥方法如下：

1/4 桥接线方法如图 3.19 所示。

半桥接线方法如图 3.20 所示。

全桥接线方法如图 3.21 所示。

注意：1/4 桥测试时应将短接线连好，半桥/全桥测试时应将 B 与 B1 之间的电气连接断开，否则可能会影响测试结果。测试仪不支持三种组桥方式的混接。

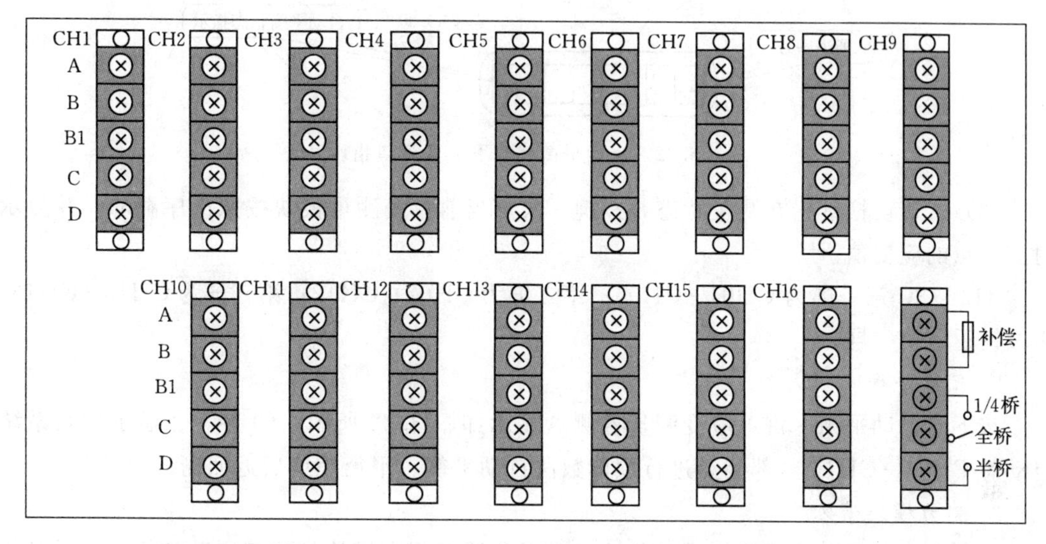

图 3.17 XL2118C 力 & 应变测试接线端子示意图

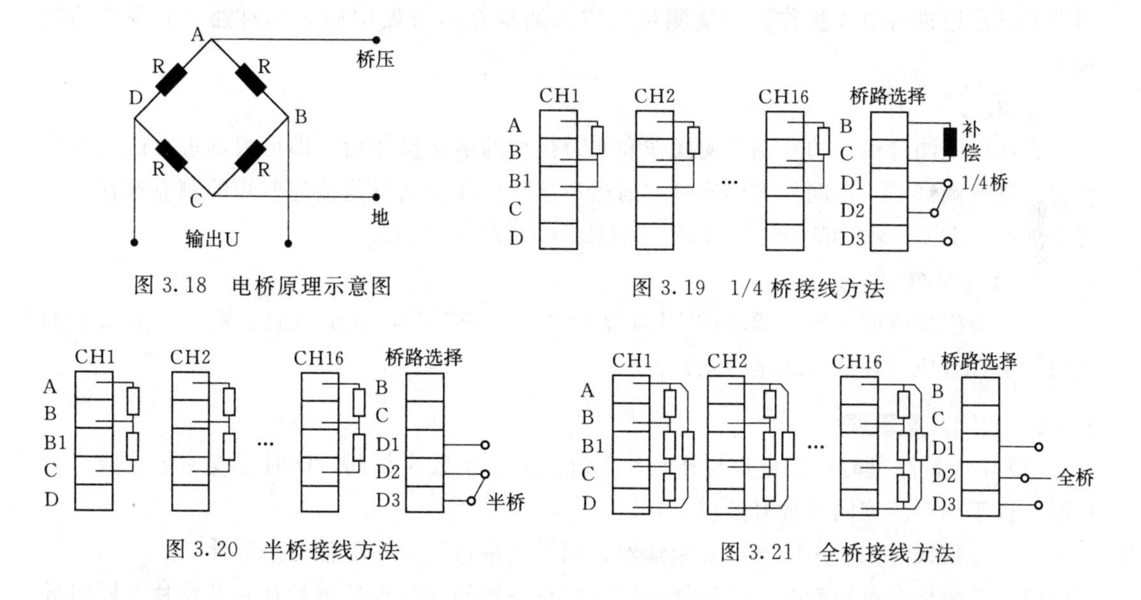

图 3.18 电桥原理示意图

图 3.19 1/4 桥接线方法

图 3.20 半桥接线方法

图 3.21 全桥接线方法

3.3.4 测量

根据实际测试需要接好桥路后，首先打开电源、预热 20min 后，如果实验环境、被测对象及测试方法均没有变动，就可直接进行实验了，无需进行测量系数设定。因为上次实验设置的数据已被 XL2118C 存储到系统内部。

1. 定义功能按键

(1) 系数设定键：按该键后进入应变片灵敏系数修正状态。灵敏系数设置完毕后自动保持，下次开机时仍生效。

(2) 自动平衡键：对本机全部测点自动扫描，从第 01 号测点到 16 号测点进行全部测点的桥路自动平衡（预读数法）。平衡完毕后返回手动测量状态。自动平衡状态下应变窗口指示如图 3.22 所示。

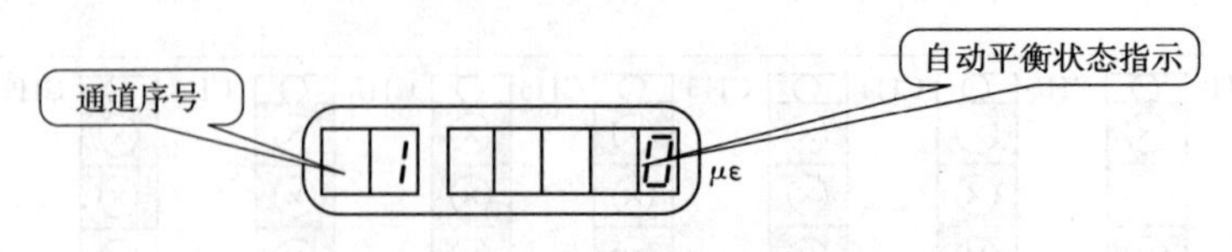

图3.22 自动平衡状态下应变窗口指示

（3）通道切换键：在测量状态，按键一次，当前应变测量模块按照次序翻屏，并显示对应测点的应变值。

XL2118C第一屏为CH01－CH06；第二屏为CH07－CH12；第三屏为CH13－CH16，再按键返回第一屏。

2．预调平衡

按下“自动平衡”键，应变测量各测点显示如图3.22所示，约2s。在显示期间系统自动对CH01－CH16全部测点进行预读数法自动平衡。平衡完毕后返回测量状态。

3．测力模块清零

在测力（称重）传感器不受载荷的情况下，按下测力模块的“清零”按键，即可对传感器测试通道进行清零操作。应变测量与应力测量在本仪器中属于相对独立的两个功能模块。

4．测试

完成应变测量模块的预调平衡操作和测力模块的清零操作后，即可根据进行的力学实验要求进行测试了。期间只需要通过“通道切换”操作根据所连接应变片的测点选择观测屏幕即可。即CH01－CH06、CH07－CH12、CH13－CH16。

5．注意事项

当测力模块或应变测试模块的LED显示“———”时，表示该测点输入过载或平衡失败，请检查应变片或接线是否正常。

3.3.5 使用注意事项

（1）1/4桥测量时，测量片与补偿片阻值、灵敏系数应相同，同时温度系数也应尽量相同（选用同一厂家同一批号的应变片）。

（2）传接线时如果用线叉应旋紧螺丝，同时测量过程中不得移动测量导线。

（3）长距离多点测量时，应选择线径、线长一致的导线连接测量片和补偿片。同时导线应采用绞合方式，以减少导线的分布电容。

（4）仪器应尽量放置在远离磁场源的地方。

（5）应变片不得置于阳光下暴晒，同时测量时应避免高温辐射及空气剧烈流动的影响。

（6）应选用对地绝缘阻抗大于500MΩ的应变片和测试电缆。

（7）本仪器属于精密测量仪器，应置于清洁、干燥及无腐蚀性气体的环境中。

（8）移动搬运时应防止剧烈振动、冲击、碰撞和跌落，放置地点应平稳。

（9）非专业人员不得拆装仪表，以免发生不必要的损坏。

（10）禁止用水和强溶剂（如苯、硝基类油）擦拭仪器机壳和面板。

3.4 多功能实验台

多功能实验台如图3.23所示，主要由底板、立柱、力臂、升降装置、加力手柄、夹具、万向节、支座、试件、百分表、荷载传感器等组成。采用蜗杆机构以螺旋千斤方式加载，经传感器由数字测力仪测试出力的读数；各试件受力变形，通过应变片由电阻应变仪显示。

图3.23 多功能实验台

该实验台整机结构紧凑，加载稳定、操作省力，能开展多项实验，如：正应力的电测实验、等强度梁实验、弯扭组合作用下的电测实验、偏心拉伸实验、复合梁应力测定实验等。

通过拉伸实验介绍其操作方法，拉伸实验步骤如下：

(1) 安装试件。把传感器、万向节、上拉伸夹头串接，下拉伸夹头固定于多功能实验台的底板上。用内六角扳手把力臂上的锁紧螺栓松开，转动升降螺帽（或升降螺杆），把力臂升降至所需位置。即确定上拉伸夹头与下拉伸夹头之间的距离，上、下拉伸夹头须在同一轴线上，这时把力臂上的两颗螺栓锁紧定位，再转动立柱上的两颗升降螺帽把力臂夹紧，把拉伸试件（圆形或板形）夹持于上、下拉伸夹头中。若在安装试件过程中，上、下拉伸夹头之间的距离有差异，试件安装不上，可转动手柄使上拉伸夹头往上或往下移动，这样即可把试件装入拉伸夹头中固定好。

(2) 力显示器高度。用专用线把力传感器与力-应变综合测试仪相连接，接通测试仪电源。在拉伸试件未受力的情况下，把力值显示器调零。力值显示器有两种型号，第一种型号力值显示器调零方式是用螺丝刀调节电微器，使力值显示器显示值为零；第二种型号力值显示器调零方式为自动调零，此种力值显示器一旦通电，就自动调零。如果通电后，自动调试不到零时，首先要把所加的荷载卸完，再重新关开一次电源，即可实现力值显示器自动调零。

（3）按逆时针方向转动手轮（或摇把），上拉伸夹头就往上运行，拉伸试件就受到一个拉力的作用，拉力的大小由力值显示器显示出来。

（4）实验完毕，按顺时针方向转动手轮（或摇把），把所加载荷卸到零。

3.5　材料弹性常数 E、μ 的测定

3.5.1　实验目的

（1）学习使用双向引伸计测量材料的弹性模量 E 和泊松比 μ。

（2）学习掌握用“贴片法”测量材料的弹性模量 E 和泊松比 μ。

（3）测定常用金属材料的弹性模量 E 和泊松比 μ。

（4）进一步掌握电测应力的方法以及电桥的几种接法。

3.5.2　实验设备和仪器

（1）万能试验机。

（2）多功能试验台。

（3）力及应变综合参数测试仪。

（4）双向引伸计、游标卡尺、钢板尺。

3.5.3　实验原理和方法

1. 采用双向引伸计测量弹性模量 E 和泊松比 μ

双向引伸计是用于测量材料拉伸变形的一种装置，其特点是能同时测量试件的轴向应变和横向应变。安装有双向引伸计的试件如图 3.24 所示。双向引伸计是精密的仪器，可调范围小，装卡要十分小心。

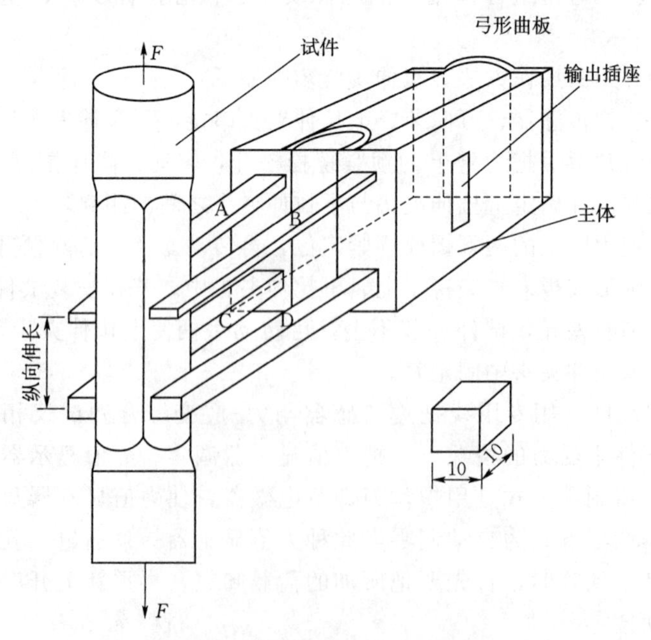

图 3.24　安装有双向引伸计的试件

双向引伸计主要是由 A、B、C、D 杆，主杆和弓形曲板组成。A、C 杆间和 B、D 杆间用于测量试件轴向应变量，弓形曲板是测量试件横向应变的弹性元件。当试件承受轴力伸长时，装卡在试件上的双向引伸计的 A、C 杆和 B、D 杆悬臂距离随之变化，由于 C 杆和 D 杆的刚度大，可以认为不变形，而 A 杆和 B 杆的轴向厚度很小，因此试件受力后的伸长量引起 A 杆和 B 杆的弯曲变形，在 A 杆和 B 杆的根部粘贴有应变片，并组成电桥。当 A 杆和 B 杆产生弯曲变形时，电桥就有电信号输出，经过换算可以得到试件的纵向应变值。试件承受轴向拉伸时，横向尺寸要减小，即 A、B 杆及 C、D 杆间的距离缩短，这是贴在弓形曲板上的应变片被拉伸，电桥就有电信号输出，经换算后可以得到试件的横向应变值。

试验加载按等量荷载递增加方式进行，即加初载后，每次的荷载增量为一常数 ΔF。在每一级荷载下，电阻应变仪输出纵向应变值和横向应变值，进而可得与 ΔF 对应的纵向应变增量 $\Delta\varepsilon_z$ 和横向应变值 $\Delta\varepsilon_h$。重复三次试验，选其中一次线性较好的数据，计算平均应变值 $\overline{\Delta\varepsilon_z}$ 与 $\overline{\Delta\varepsilon_h}$。

平均应变值乘以转换系数，得到试件的真实应变增量，即

$$\Delta\varepsilon_z = K_z\,\overline{\Delta\varepsilon_z}$$

$$\Delta\varepsilon_h = K_h\,\overline{\Delta\varepsilon_h}$$

注意：式中的 K_z 和 K_h，对于每一只双向引伸计来说都不相同。

由胡克定律可以计算出材料的弹性模量 E 和泊松比 μ：

$$E = \frac{\Delta F}{\Delta\varepsilon_z A} \tag{3.16}$$

$$\mu = \left|\frac{\Delta\varepsilon_h}{\Delta\varepsilon_z}\right| \tag{3.17}$$

2. 采用贴片法测量弹性模量 E 和泊松比 μ

试件采用矩形截面试件，电阻应变片布片方式如图 3.25 所示。在试件中央截面上，沿前后两面的轴线方向对称地贴一对轴向应变片 R_1、R_1' 和一对横向应变片 R_2、R_2'，以测量轴向应变 ε 和横向应变 ε'。

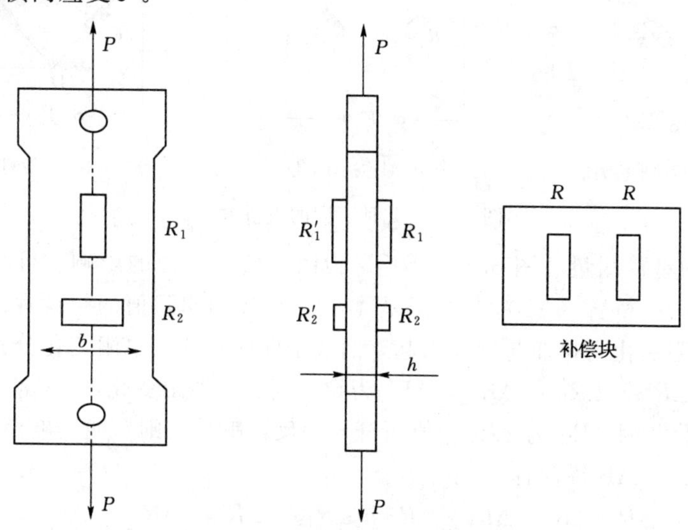

图 3.25 拉伸试件及布片图

(1) 弹性模量 E 的测定。由于实验装置和安装初始状态的不稳定性，拉伸曲线的初始阶段往往是非线性的。

为了尽可能减小测量误差，实验宜从初载荷 P_0 ($P_0 \neq 0$) 开始，采用增量法分级加载，分别测量在各相同载荷增量 ΔP 作用下，产生的应变增量 $\Delta\varepsilon$，并求出 $\Delta\varepsilon$ 的平均值。设试件初始横截面面积为 A，则有

$$E = \frac{\Delta P}{A\ \overline{\Delta\varepsilon}} \tag{3.18}$$

式中：A 为试件截面面积；$\overline{\Delta\varepsilon}$为轴向应变增量的平均值。

用上述试件测 E 时，合理地选择组桥方式，可有效地提高测试灵敏度和实验效率。下面讨论几种常见的组桥方式。

1) 单臂测量［图 3.26 (a)］。实验时，在一定载荷条件下，分别对前、后两枚轴向应变片进行单片测量，并取其平均值 $\bar{\varepsilon} = (\varepsilon + \varepsilon')/2$。$\bar{\varepsilon}$ 消除了偏心弯曲引起的测量误差。

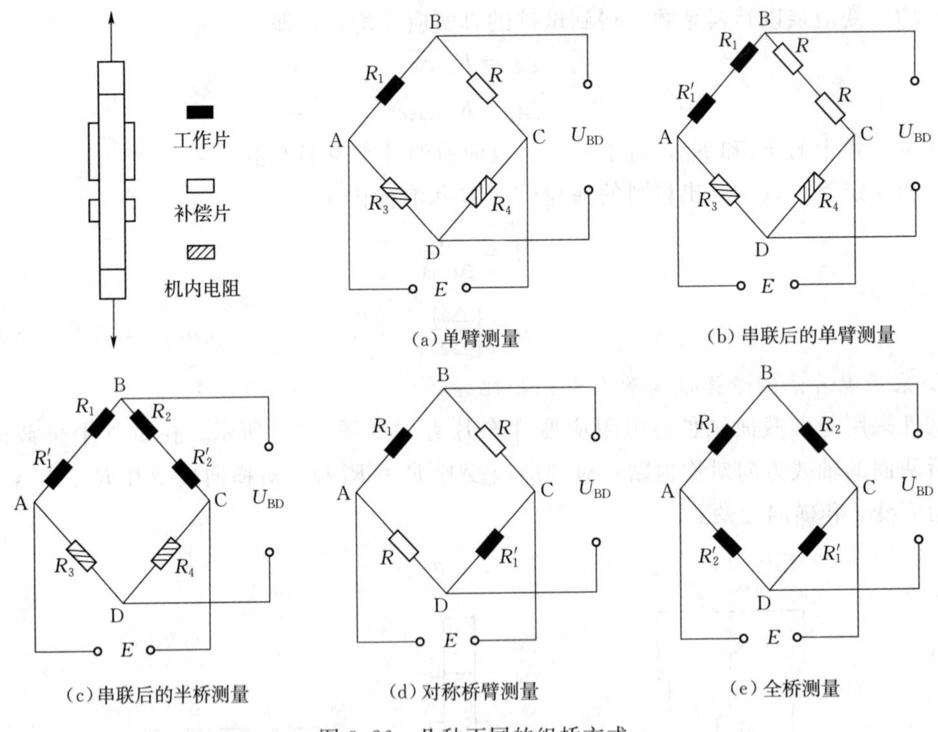

图 3.26　几种不同的组桥方式

2) 串联后的单臂测量［图 3.26 (b)］。为消除偏心弯曲的影响，可将前后两轴向应变片串联后接在同一桥臂 (AB) 上，而邻臂 (BC) 接相同阻值的补偿片。假设存在偏心弯矩的影响，电阻变化由拉伸与弯曲引起，两枚轴向应变片的电阻变化分别为 $\Delta R_1 = \Delta R_{1P} + \Delta R_{1M}$、$\Delta R_1' = \Delta R_{1P}' - \Delta R_{1M}'$、$\Delta R_{1P}$，$\Delta R_{1P}'$为拉力引起的电阻变化，$\Delta R_{1M}$、$\Delta R_{1M}'$为偏心弯曲引起的电阻变化，因 ΔR_M 与 $\Delta R_M'$等值而符号相反，串联后则弯曲影响消除。R_1 与 R_1'等值，根据桥路原理，AB 桥臂有

$$\frac{\Delta R}{R} = \frac{\Delta R_1 + \Delta R_1'}{R_1 + R_1'} = \frac{\Delta R_{1P} + \Delta R_{1M} + \Delta R_{1P}' - \Delta R_{1M}'}{R_1 + R_1'} = \frac{\Delta R_1}{R_1}$$

因此轴向应变片串联后，偏心弯曲的影响自动消除，而应变仪的读数就等于试件的应变即

$$\varepsilon_d=\varepsilon_P \tag{3.19}$$

很显然这种测量方法没有提高测量灵敏度。

3）串联后的半桥测量［图 3.26（c）］。将两轴向应变片串联后接 AB 桥臂，两横行应变片串联后接 BC 桥臂，偏心弯曲的影响可自动消除，而温度影响也可自动补偿。根据桥路原理：

$$\varepsilon_d=\varepsilon_1-\varepsilon_2-\varepsilon_3+\varepsilon_4$$

其中 $\varepsilon_1=\varepsilon_P$、$\varepsilon_2=-\mu\varepsilon_P$，$\varepsilon_P$ 为轴向应变，μ 为材料的泊松比。由于 ε_3、ε_4 为 0，故电阻应变仪的读数应为

$$\varepsilon_d=(1+\mu)\varepsilon_P \tag{3.20}$$

如果材料的泊松比已知，这种组桥方式使测量灵敏度提高原来的$(1+\mu)$倍。

4）对称桥臂测量［图 3.26（d）］。将两轴向应变片分别接在电桥的相对两臂（AB、CD）上，两温度补偿片接在相对桥臂（BC、DA）上，偏心弯曲的影响可自动消除。根据桥路原理：

$$\varepsilon_d=2\varepsilon_P \tag{3.21}$$

测量灵敏度提高为原来的 2 倍。

5）全桥测量。［图 3.26（e）］，将 R_1、R_1'、R_2、R_2' 4 个应变片分别接在各桥臂上。根据桥路原理，计算其测量灵敏度。

（2）泊松比 μ 的测定。利用试件上的横向应变片和纵向应变片合理组桥，是为了尽可能减小测量误差。实验宜从初载荷 P_0（$P_0\neq0$）开始，采用增量法，分级加载，分别测量在各相同载荷增量 ΔP 作用下，产生的横向应变增量 $\Delta\varepsilon'$和轴向应变增量 $\Delta\varepsilon$。求出平均值，按定义便可求得泊松比 μ：

$$\mu=\left|\frac{\Delta\varepsilon'}{\Delta\varepsilon}\right| \tag{3.22}$$

3.5.4 实验步骤

1. 采用双向引伸计测量弹性模量 E 和泊松比 μ

（1）应变仪调试。

1）把双向引伸仪装卡在试件上，再把试件夹持于万能实验机的上、下拉伸夹头中。

2）把双向引伸仪的引线 A、B、C、D 接于应变仪背板上 A、B、C、D 柱上。打开应变仪电源。

3）用螺丝刀调零电位器，使其显示值为零或$\pm5\times10^{-6}$均可。

（2）万能实验机调试。

1）打开实验机和计算机电源，按操作步骤使万能实验机进入工作状态。

2）把横梁速度设置为 1mm/min。

3）试验中，直接用控制盒上的上升键“▲”、下降键“▼”和停止键“■”来控制万能实验机。

（3）实验。

1）按上升键“▲”进行加载，加载顺序为 5kN→10kN→15kN→20kN。屏幕上显示

出所规定荷载值“5kN”时，按停机键“■”，在应变仪上分别读出纵向应变值和横向应变值。

2）重复“(1)”的操作方法，按照加载顺序加载（到20kN为止），读取纵向、横向应变值。

3）为了保证实验数据的可靠性，须重复进行三次实验，选取其中一次线性较好的数据进行计算。

4）实验完毕，按上升键“▲”进行卸载，把荷载卸到零时立即停机，松开下拉伸夹头，关闭万能实验机和应变仪电源，并拔下电源插头。

2. 采用贴片法测量弹性模量 E 和泊松比 μ

（1）设计好本实验所需的各类数据表格。

（2）测量试件尺寸。在试件标距范围内，测量试件三个横截面尺寸，取三处横截面面积的平均值作为试件的横截面面积 A。

（3）拟定加载方案，先选取适当的初载荷（一般取 $P_0 \approx 10\% P_{max}$），估算 P_{max}（该实验载荷 $P_{max} \leqslant 2000N$），分4～6级加载。

（4）根据加载方案，调整好实验加载装置。

（5）按实验要求接好线（建议采用相对桥臂测量方法），调整好仪器，检查整个系统是否处于正常工作状态。

（6）加载，均匀缓慢加载至初载荷 P_0，记下各点应变的初始读数。然后分级等增量加载，每增加一级载荷依次记录各点电阻应变片的应变值，直到最终载荷。实验至少重复三次。

（7）数据处理。

弹性模量：$E=\dfrac{\Delta P}{A\ \overline{\Delta \varepsilon}}$。

泊松比：$\mu=\left|\dfrac{\Delta \varepsilon'}{\Delta \varepsilon}\right|$。

3.6　矩形梁纯弯曲时正应力分布电测实验

3.6.1　实验目的

（1）学习使用电阻应变仪及多功能实验台。

（2）熟悉电阻应变测量技术的基本原理和方法。

（3）测量纯弯曲矩形梁上正应力随高度的分布规律，验证平面假设的正确性。

3.6.2　实验设备

（1）多功能实验台。

（2）电阻应变仪。

（3）矩形截面梁。

（4）游标卡尺。

3.6.3 实验原理

在多功能实验台上，矩形截面梁简支于 A、B 两点，在对称的 C、D 两点通过附梁加载使梁产生弯曲变形。如图 3.27 所示，通过旋转加载手轮来实现加载（或卸载）。荷载信号由传感器输出，经放大后，由电阻应变仪的显示器显示出荷载值。

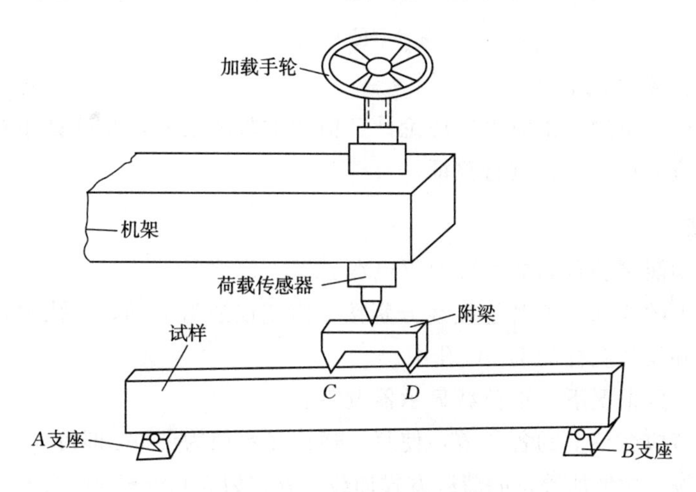

图 3.27 纯弯曲试验装置

为了测量应变随试件截面高度的分布规律，应变片的粘贴位置如图 3.28 所示。这样可以测量试件上下边缘处的最大应变、中性层的应变及其他中间点的应变，便于了解应变沿截面高度变化的规律。

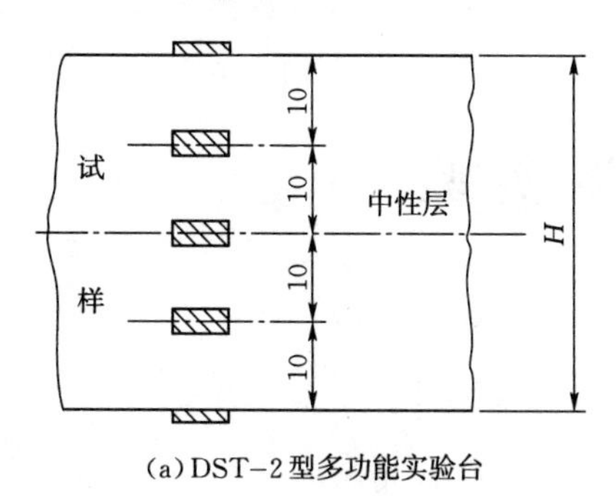

(a) DST-2 型多功能实验台

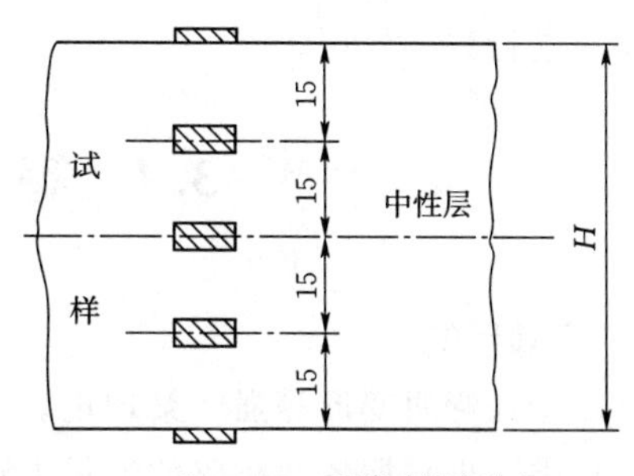

(b) DST-3型多功能实验台

图 3.28 应变片位置图

试件的受力情况如图 3.29 所示，可知 CD 段试件产生纯弯曲变形。在实验中施加初荷载后，采用逐级等量加载的方法，每次增加等量的荷载为 ΔF，则试件纯弯曲时的正应力计算公式

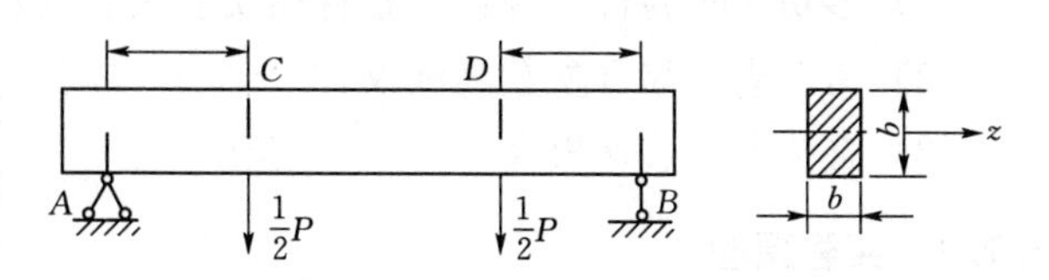

图 3.29 试件受载荷图

$$\sigma_{理}=\frac{\Delta M \cdot y}{I_z} \tag{3.23}$$

式中：ΔM 为横截面上的弯矩增量，等于$\frac{1}{2}\Delta F\times\overline{AC}$；$I_Z$ 为梁横截面对中性轴 Z 的惯性矩；y 为从中性轴到欲求应力点的距离。

实验中，测定各点在不同荷载时的应变量，计算出当增加等量荷载时每个测量点相应的应变增量 $\Delta\varepsilon_{实}$，再分别计算出每个测量点应变增量的平均值$\overline{\Delta\varepsilon_{实}}$，根据

$$\sigma_{实}=E\cdot\overline{\Delta\varepsilon_{实}} \tag{3.24}$$

求出各测量点实验应力 $\sigma_{实}$。

通过比较试件上下边缘正应力的理论计算值和试验测定值，并计算相对误差，从而对平截面假设及正应力计算公式进行验证。

3.6.4 实验步骤

（1）打开多功能试验台和数字应变仪电源。

（2）把试件上的 5 张应变片连接线分别接在应变仪通道的 A、B 孔中，温度补偿片的连接线接在温度补偿片孔柱的 B、C 孔中。

（3）在未加力的情况下，把荷载显示器调零。

（4）逐点调节应变仪上的各通道，使每一通道显示值为$\pm 5\mu\varepsilon$即可。

（5）加载。按每次增加等量的荷载方式加载，方式为 500N→1000N→1500N→2000N。

（6）为了保证实验测量值的准确性，重复三次实验，选取其中一次线性较好的数据，计算实验结果。

（7）实验完毕，反方向转动手轮卸载，使显示器显示值为零，关闭多功能实验台和应变仪电源。

（8）进行数据处理。

3.7 等强度梁实验

3.7.1 实验目的

（1）验证弯曲变形等强度梁理论。

（2）进一步掌握各种桥路的测量方法。

3.7.2 实验设备和仪器

（1）多功能实验台、等强度悬臂梁实验装置及部件。

（2）力及应变综合参数测试仪。

（3）游标卡尺、钢板尺。

3.7.3 实验原理

将试件固定在实验台架上，如图 3.30 所示。在施加初荷载后，产生弯曲变形，同一截面上表面产生拉应变，下表面产生压应变，上、下表面产生的拉压应变绝对值相等，上、下表面的拉（压）应力相等。实验中采用逐级等量加载的方法，每次增加等量的荷载为 ΔF，则试件弯曲时在测量点的正应力理论计算公式为

$$\sigma_{1(2)}=\frac{\Delta M_1}{W_{Z1}}=\frac{\Delta F l_1}{\frac{b_1 h^2}{6}} \tag{3.25a}$$

$$\sigma_{3(4)}=\frac{\Delta M_2}{W_{Z2}}=\frac{\Delta F l_2}{\frac{b_2 h^2}{6}} \tag{3.25b}$$

式中：ΔF 为实验中逐级加载的载荷增量；l 为载荷作用点到测试点的距离；b 为梁的测点处的宽度；h 为梁的厚度。

实验中，在梁的上下表面分别粘贴应变片 R_1、R_2、R_3、R_4，如图 3.30 所示，测定各点在不同荷载时的应变量，计算出当增加等量荷载时每个测量点相应的应变增量 $\Delta\varepsilon_{实}$，再分别计算出每个测量点应变增量的平均值$\overline{\Delta\varepsilon_{实}}$，根据

$$\sigma_1'=E\,\overline{\Delta\varepsilon_1'} \tag{3.26a}$$

$$\sigma_2'=E\,\overline{\Delta\varepsilon_2'} \tag{3.26b}$$

求出各测量点实验应力 σ'。

式中：E 为弹性模量。

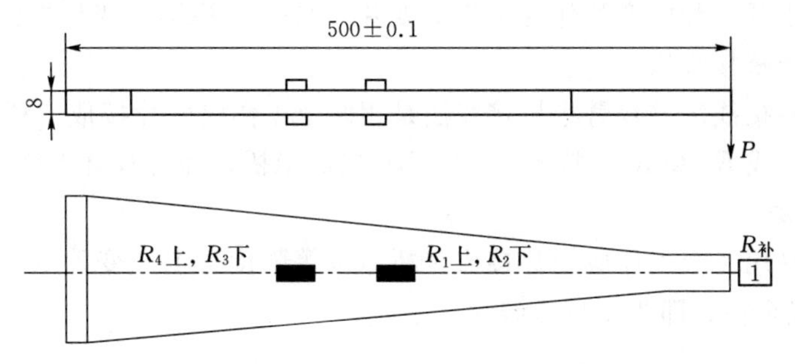

图 3.30 等强度梁外形及应变片分布图

对于等强度梁理论上 $\sigma_{1(2)}=\sigma_{3(4)}$，通过对两个测量点实验应力的误差进行分析来验证等强度梁理论。误差分析公式为

$$\frac{\sigma_{1(2)}'-\sigma_{3(4)}'}{\sigma_{1(2)}'}\times 100\% \tag{3.27}$$

3.7.4 实验步骤

（1）测量悬臂梁的有关尺寸，测量应变片粘贴处梁的位置尺寸，确定试件有关参数。

（2）拟订加载方案。选取适当的初载荷 P_0，估算最大载荷 P_{max}（该实验 $P_{max}\leqslant$ 200N)，一般分 4～6 级加载。

（3）实验进行多点测量，采用单臂半桥公共补偿接线法。将悬臂梁上 2 个位置的 4 个测点的 4 个应变片按序号接到电阻应变仪测试通道上，温度补偿片接电阻应变仪公共补偿端。

（4）按实验要求接好线，调整好仪器，检查整个系统是否处于正常工作状态。

（5）实验加载。均匀慢速加载至初载荷 P_0。记下各点应变片初始读数，然后逐级加载，每增加一级载荷，依次记录各点电阻应变片的 ε_i，直到最终载荷。实验至少重复 3～4 次。

（6）做完实验后，卸掉载荷，关闭电源，整理好所用仪器设备，清理实验现场，检查

数据是否合理、完整。

(7) 进行数据处理。

3.7.5　等强度梁测量电桥的其他连接方法

如图 3.30 所示，等强度梁上粘贴了 4 片阻值分别为 R_1、R_2、R_3、R_4 的工作应变片，以及补偿应变片 $R_{补}$。应变仪测量电桥时接线方法不同，则组成的测量电桥也不同。

图 3.31 为测量电桥连接方法，根据电桥基本特性，当测量电桥四臂均为工作应变片时，应变仪读数应变为

$$\varepsilon_d=\varepsilon_1-\varepsilon_2-\varepsilon_3+\varepsilon_4 \tag{3.28}$$

式中：ε_1、ε_2、ε_3、ε_4 为测量电桥上四臂电阻 R_1、R_2、R_3、R_4 所感受的应变值。

由式 (3.28) 可知，测量电桥中两相邻臂桥电阻所感受的应变代数和相减，两相对桥臂电阻所感受的应变代数和相加。测量电桥有以下几种接线方法。

1. 半桥接线法

半桥接线法有单臂半桥接线法和双臂半桥接线法。

(1) 单臂半桥接线法。单臂半桥接线法是用一个工作应变片和一个补偿应变片接成半桥。取等强度梁上任一片应变片作为工作应变片，与一个补偿应变片按图 3.31 (a) 接成半桥，即为单臂半桥接线法。

(2) 双臂半桥接线法。双臂半桥接线法是用两个工作应变片接成半桥。取等强度梁上应变片 R_1 和 R_2 (或 R_3 和 R_4) 按图 3.31 (b) 接成半桥，即为双臂半桥接线法。

2. 全桥接线法

全桥接线法是用 4 个工作应变片接成全桥，取等强度梁上应变片 R_1、R_2、R_3、R_4 按图 3.31 (c) 接成全桥，即为全桥接线法。

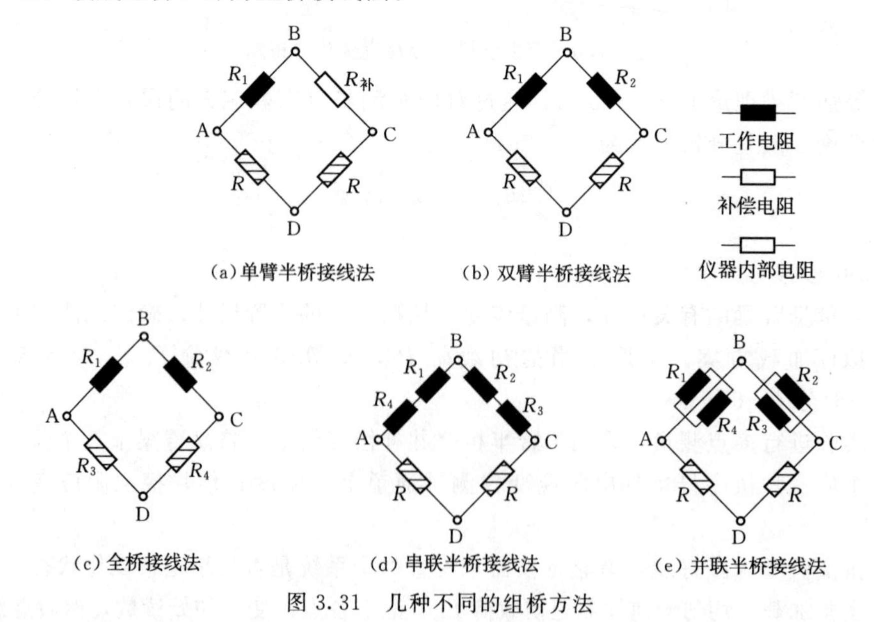

图 3.31　几种不同的组桥方法

3. 串、并联接线法

串、并联接线法既可以接成半桥，也可以接成全桥。由于等强度梁上只粘贴了 4 片应

变片，因此，本实验中串联、并联只能用半桥接线法。取等强度梁上应变片按图 3.31（d）接成串联半桥，按图 3.31（e）接成并联半桥。

分别测出等强度梁受载荷作用时以上各种接桥方式下的各测量电桥的应变读数，并进行比较。

3.8 压杆稳定实验

3.8.1 实验目的

（1）用电测法测定两端铰支压杆的临界载荷 P_{cr}，并与理论值进行比较，验证欧拉公式。

（2）观察两端铰支压杆丧失稳定的现象。

（3）了解工程中压杆失稳破坏的机理，理解为何工程中压杆失稳往往是瞬间的破坏。

3.8.2 实验设备和仪器

（1）YDD-1 型多功能材料力学试验机、压杆稳定实验装置及部件。

（2）力及应变综合参数测试仪、计算机。

（3）游标卡尺、钢板尺。

3.8.3 实验原理

压杆失稳是压杆稳定平衡状态的改变，压杆失稳的过程是压杆的稳定平衡状态由直线平衡状态向弯曲平衡状态改变的过程，若失稳过程中荷载可控，压杆将建立弯曲平衡状态，其承载力为临界荷载；若失稳过程中荷载不可控，压杆将无法建立弯曲平衡状态，横向变形持续增加直至压杆屈服破坏。工程实际中，经常会出现由于局部压杆的失稳导致整个结构瞬间破坏的情形。

如图 3.32（a）所示的理想中心受压直杆，在压杆受轴向压力 F 作用下，施加侧向干扰荷载 F'，此时，在轴向压力 F 与横向干扰荷载 F' 的共同作用下，压杆会发生如图 3.32（a）所示的弯曲变形。实验表明，当轴向压力 F 不大时，撤去横向干扰荷载 F' 后，压杆将恢复其原来的直线平衡状态，如图 3.32（b）所示，说明此时压杆的直线平衡状态是稳定的平衡状态；当轴向压力增加到一定的临界值时，重复同样的横向干扰实验，压杆将保持弯曲平衡状态，而无法恢复到原来的直线平衡状态，如图 3.32（c）所示，说明此时压杆的直线平衡状态是不稳定的平衡状态，而弯曲平衡状态是稳定的平衡状态。由此可见，受轴向压力作用的压杆的平衡状态有两种：一种是直线平衡状态，另一种是弯曲平衡状态，在不同的轴向压力作用下，一种平衡状态是稳定的，另一种是不稳定的。在轴向压力较小时，直线平衡状态是稳定的，弯曲平衡状态是不稳定的，当轴向压力达到一临界值时，直线平衡状态是不稳定的，弯曲平衡状

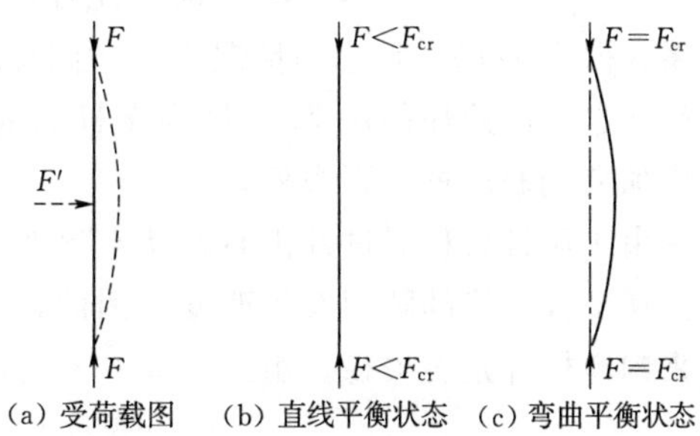

图 3.32 受压直杆平衡的三种形式

态是稳定的。把压杆的直线平衡状态由稳定平衡状态转化为不稳定平衡状态时所受压力的临界值，称为临界压力，用 F_{cr}表示。并定义：中心受压直杆在临界压力 F_{cr}作用下，直线平衡状态由稳定平衡状态转化为不稳定平衡状态（或称直线平衡状态丧失稳定性）为“压杆失稳”，简称“失稳”。

需要注意的是，压杆失稳实际上是指压杆稳定平衡状态的改变，而非压杆破坏，也即压杆在失稳状态下，只要其应力没有达到屈服应力，压杆仍可保持平衡状态，仍有确定的承载力，且其承载力高于临界压力 F_{cr}。但由于当压杆失稳后，压杆最大应力与荷载的关系由原来的线性关系转变成类似幂函数关系，使得此时压力稍有增加，应力便会急剧增加，故习惯上定义压杆的临界压力为压杆的极限安全承载力，有时被误称为“极限承载力”。实际上，理想细长压杆在直线平衡状态且没有测向干扰的情况下，其可承受轴向压力远大于临界压力，但当其在弯曲平衡状态时，其可承受的压力接近临界压力。

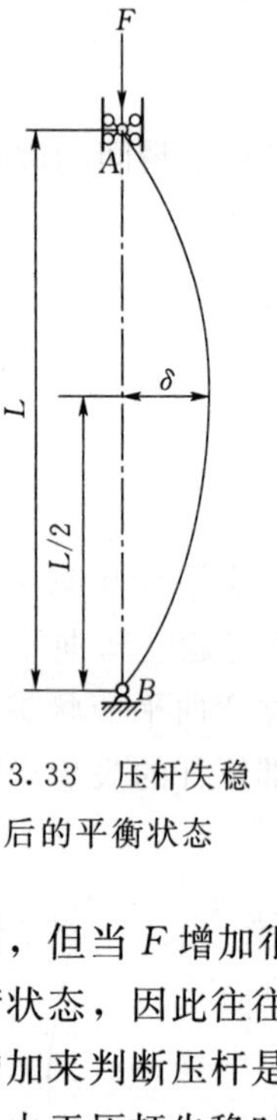

F
A
δ
L
L/2
B

图 3.33　压杆失稳后的平衡状态

现以两端铰支的压杆失稳后挠曲线中点挠度 δ 与压力 F 之间的关系说明此问题。

两端铰支的压杆在轴向压力 F 作用下失稳后的曲线形态如图 3.33 所示。

利用压杆失稳时挠曲线的精确微分方程得到挠曲线中点挠度 δ 与轴向压力 F 之间的近似关系为

$$\delta=\frac{2\sqrt{2}l}{\pi}\sqrt{\frac{F}{F_{cr}}-1}\left[1-\frac{1}{2}\left(\frac{F}{F_{cr}}-1\right)\right] \tag{3.29}$$

式中：$F_{cr}=\dfrac{\pi^2 EI}{l^2}$为由欧拉公式得到的压杆两端铰支的失稳临界压力。

依式（3.29）绘出的 $F-\delta$ 关系曲线如图 3.33 所示，可以看出，当 $F\geqslant F_{cr}$时，压杆在微弯平衡状态下，虽然压力与挠度存在一一对应关系，但当 F 增加很小的情况下，横向挠度 δ 迅速增加，压杆所处的平衡状态接近于随遇平衡状态，因此往往定义 F_{cr}即为压杆失稳的安全荷载。实验中可以通过横向挠度 δ 的突然增加来判断压杆是否失稳。

由于压杆失稳时试件由直线状态突然变为弯曲状态，即试件前后两侧面上的应变增加方向在试件失稳的瞬间发生改变。因此，实验中也可通过测量压杆前后两侧面上应变的方式来判断杆件是否失稳。由式（3.30）得压杆失稳后中间截面的弯矩 M 为

$$M=F\delta=\frac{2\sqrt{2}Fl}{\pi}\sqrt{\frac{F}{F_{cr}}-1}\left[1-\frac{1}{2}\left(\frac{F}{F_{cr}}-1\right)\right] \tag{3.30}$$

此时，试件上的应力由压应力与弯曲应力两部分组成，因此，中间截面前后两侧面上的应力 σ 可由下式求得

$$\sigma_{1,2}=-\frac{F}{A}\pm\frac{M}{W}=-\frac{F}{A}\pm\frac{2\sqrt{2}Fl}{W\pi}\sqrt{\frac{F}{F_{cr}}-1}\left[1-\frac{1}{2}\left(\frac{F}{F_{cr}}-1\right)\right] \tag{3.31}$$

压杆在整个实验过程中为单向应力状态，故有

$$\varepsilon_{1,2}=\frac{\sigma}{E}=-\frac{F}{EA}\pm\frac{M}{EW}=-\frac{F}{EA}\pm\frac{2\sqrt{2}Fl}{EW\pi}\sqrt{\frac{F}{F_{cr}}-1}\left[1-\frac{1}{2}\left(\frac{F}{F_{cr}}-1\right)\right] \tag{3.32}$$

依式（3.32）绘出的理想压杆的 $F-\varepsilon$ 关系曲线如图 3.34 所示。

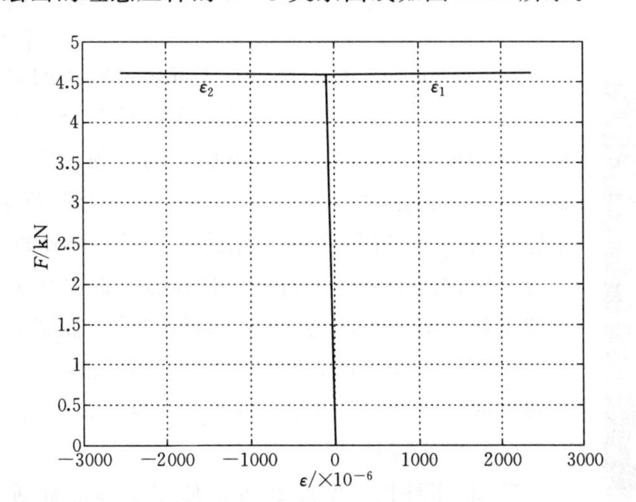

图 3.34　理想压杆的 $F-\varepsilon$ 关系曲线图

可以看出，当 $F<F_{cr}$ 时，压杆前后两侧的应变相同且与压力 F 呈线性关系，当 $F\geqslant F_{cr}$ 时，两侧应变的增加方向相反，据此，同样可方便找到压杆的失稳点。

以上所讲的均是指对理想压杆而言的，实际上，理想的压杆是不存在的，实验中所用的试件都有一定的初始弯曲，如何在实验中使得由初始弯曲的压杆保持直线受压平衡状态就成为能够为实验成败的关键。另外，使压杆由直线平衡状态转化为弯曲平衡状态的条件是侧向干扰，选择合适的侧向干扰也是实验的重要组成部分。

鉴于此，采用应变测试判断法的实验方案，通过监测压杆两侧应变的大小来判断压杆是否处于直线受压状态，在压杆的中间设置一调直支撑，该支撑可调节压杆中间点位置，使得压杆两侧的应变相等，证明压杆处于直线受压状态。此时，施加侧向干扰，压杆弯曲，干扰去除后若恢复为直线平衡状态，则说明施加干扰前压力小于临界压力，若干扰去除后保持弯曲平衡状态，则说明施加干扰前的压力大于或等于临界压力，且弯曲平衡后压杆所承受的当前压力等于或略大于临界压力，可据此确定该压杆的临界压力。

3.8.4　实验步骤

1. 实验设备、测量工具及试件

压杆稳定实验可采用 YDD－1 型多功能材料力学试验机完成，实验装置如图 3.35 所示，由试验机主机部分和数据采集分析两部分组成，主机部分由加载机构及相应的传感器组成，数据采集分析部分完成数据的采集、分析等。

试件采用矩形截面的试件，两端铰接，在两侧面的中央，粘贴有电阻应变片，用以测量试件的应变。用游标卡尺在粘贴应变片中部的两侧，多次测量试件的宽度 B 和厚度 H，计算试件的截面面积 S_0。并查相关资料，预估其直线平衡状态下弹性段极限承载力及失稳临界压力。

在实验装置的两侧面有压杆侧向调节及干扰装置，其位置可上下调整。

2. 装夹

安装好的试件如图 3.35 所示。实验时，压杆的两端通过轴承与上下支座相连接。当对轴承的转动不进行约束时，支承形式就为铰接，当对轴承进行防转约束时，支承形式就为固接。

图3.35 压杆稳定实验装置

（1）调定系统的压力。首先确定试验机的状态，上部转接套处于固接状态，卸掉下转接套及相关连接部分。为确保试件安全及方便控制加载速度，在所需荷载较小时，须设定系统工作压力。在油缸活塞杆无连接件的情况下，打开“压力调节手轮”，关闭“进油手轮”，打开“油泵启动”“拉伸下行”，调整进油手轮至正常工作位置，使油缸活塞杆下行至最低位置，此时压力表指示的压力就是系统工作时的最大压力，通过调整“压力控制手轮”的位置调节系统工作压力至要求值，压杆稳定中，系统的工作压力设定为20kN。调整完成后，关闭“进油手轮”“油泵停止”“拉压停止”。

（2）安装试件。

1）将压杆稳定实验装置整体安装到油缸活塞杆上，旋转实验装置，使实验装置与油缸活塞杆紧密结合。

2）通过转动油缸活塞杆，调整压杆与实验机框架至合适的位置关系，以方便实验过程中控制侧向调整及干扰装置。

3）控制油缸活塞杆上行，使压杆稳定实验装置的受力点与上夹头套的施力点相距2～3mm，关闭“进油手轮”，此时承压转接件可在转接套内灵活转动。调整完成后，关闭“油泵停止”“拉压停止”。

这样就完成了试件装夹，安装好的试件如图3.35所示。

（3）调整压杆的工作状态。根据实验需要，调整压杆的支承。

3. 连接测试线路

按要求连接测试线路，一般第一通道选择测压力，第三通道测油缸过活塞杆位移，其余通道测应变。连线时应注意不同类型传感器的测量方式及接线方式，连线方式应与传感器的工作方式相对应。应变的测试采用单片共用补偿片的方式，将被测应变片依次连接到测试通道中，连接时注意应变片的位置、方向与测试通道的对应关系。

4. 设置采集环境

（1）进入测试环境。按要求连接测试线路，确认无误后，打开仪器电源及计算机电源，双击桌面上的快捷图标，提示检测到采集设备→确定→进入，如图3.36所示的测试环境。同前面的实验一样，首先检测仪器，通过文件引入项目，引入所需要的采集环境。

（2）设置测试参数。

1）第一项：系统参数。采样方式：采样频率为“20～100Hz”，试验类型为拉压测试，需要特别注意的是，压杆稳定实验是一个非破坏性试验，需要通过设置报警通道来保护试件。试验时，当实测数据达到报警设定值时，油缸就会按照指定的要求反向运行或停止运行。压杆稳定实验报警通道一般设置为油缸活塞杆位移通道，报警值由实验预估最大轴向位移确定。

注意：在报警参数的设置中需考虑加载转接件与夹头套的间隙，夹试件时要调整好间隙宽度，以 2～3mm 较为合适。

2）第二项：通道参数。测量压力、位移的通道，设置同压缩实验设置相同的通道参数。其余通道测量应变，对于设置为应力应变的通道需将其修正系数“b”设置为“1”。进入应力应变测试，由于采用共用补偿片，需要输入桥路类型，选择“方式一”，当选择“方式一”时需要输入的参数有应变计电阻、导线电阻、灵敏度系数、工程单位，并选择相应的满度值。

3）第三项：窗口参数。可以开设两个数据窗口，左窗口：荷载、应变实时曲线，右窗口：纵坐标—荷载，横坐标—压杆前侧应变和后侧应变，并设定好窗口的其他参数，如坐标等。

(3) 数据预采集，验证报警参数。

1）数据预采集。确定采集设备各通道显示的满度值与通道参数的设定值相一致后，选择“控制”→“平衡”→“清零”→“启动采样”，输入相应的文件名，选择好存储目录以后便进入了相应的采集环境。此时从实时曲线窗口内便可以读到相应的零点数据，证明采集环境能正常工作。

2）验证报警参数。关闭“进油手轮”，选择“拉压自控”“油泵启动”“压缩上行”，打开“进油手轮”，油缸活塞杆上行，注意观察加载转接件的位置，控制加载速度，缓慢加载，至位移下限报警值时油缸活塞杆自动反向向下运行，证明报警功能可用。验证在该报警值下的应变值，若报警值不满足要求，可适时修改至合适值。验证完成后，观察加载转接件的位置，当加载转接件处于加载套的中间位置时，关闭“进油手轮”，停止采集数据。这样就完成了数据采集环境的设置。

若设备无通道报警功能时，需设置限位开关的位置来控制自动反向运行，并进行验证。

5. 加载测试

(1) 确定设备工作状态。在确信设备和采集环境运行良好以后便可以开始正式的加载试验了。首先关闭“进油手轮”，选择“油泵启动”“压缩上行”。前面已经设置好了采集环境，选择平衡，清除零点，启动采样。这样就能采集到所需要的数据。

(2) 初始调直。打开“进油手轮”，进行加载，加载应注意观察加载转接件的位置，当加载转接件不受力时，可以加快加载速度；当加载转接件接近受力时，应放慢加载速度使轴向压力为缓慢加载状态，至20%估计临界压力时，关闭“进油手轮”，比较两侧应变片的应变值，此时应变由于初始弯曲的作用，两侧应变应不等，据此判断压杆的弯曲方向，将压杆外凸一侧的调直装置的顶杆旋出与压杆相接触，缓慢调节，至两侧面的应变相等后停止。

(3) 持续加载，并施加侧向干扰。继续缓慢加载，并不断微调侧向调直装置，至压力达到80%临界力可开始施加侧向干扰荷载，观测压杆平衡状态的变化情况。然后继续进行加载—调直—干扰的循环，直至压杆出现平衡状态的改变（即压杆失稳现象）后，关闭“进油手轮”，停止加载。

(4) 持续加载，并施加侧向干扰。观测此时压杆的平衡状态的特点，稍加压力后，应变会较大的增加。

（5）重复实验。卸载后，重复上述加载过程，比较临界压力的稳定性，采集到准确的三组数据后，可停止实验。当加载转接件不受力时就可以关闭“进油手轮”，选择“拉压停止”“油泵停止”按钮，然后停止采集数据。

（6）进行其他类型压杆稳定的实验。依据实验需要，可进行两端固支；一端固支、一端铰支以及有中间辅助支承的压杆稳定实验。

6. 数据分析

数据采集分析系统实时记录试件所受的力及应变，并生成力、应变实时曲线及力、应变 $X-Y$ 曲线，图3.36为在YDD-1型多功能材料力学试验机上实测压杆的 $F-\varepsilon$ 关系曲线。

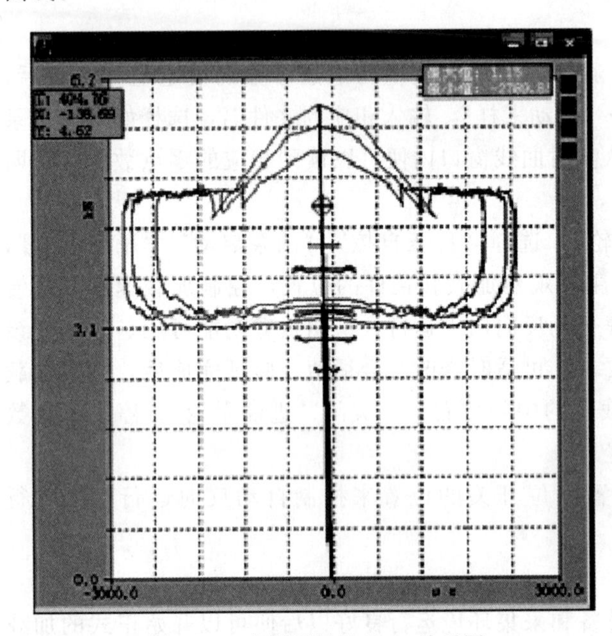

图3.36　实测压杆的 $F-\varepsilon$ 关系图

从图中可明显看出：

（1）在直线平衡状态时，两侧的应变相同，且与压力呈线性关系，并据此可实测压杆的弹性模量 E。

（2）在压力当 $F<F_{cr}$ 时，施加侧向干扰压杆弯曲，干扰撤除后，压杆恢复原来的直线平衡状态，说明此时直线平衡状态为稳定平衡状态。

（3）在压力当 $F>F_{cr}$ 时，施加侧向干扰压杆弯曲，不等撤除干扰，弯曲量迅速扩大，应变同样迅速分向增加，直至压力降低到一稳定值后，压杆处于弯曲平衡状态。此时，若稍施加压力，应变明显增加。

（4）在压杆失稳后，虽弯曲平衡状态为稳定平衡状态，但从 $F-\varepsilon$ 曲线可以看出，在 F 增加很小的情况下，应变迅速增加，压杆所处的平衡状态接近于随遇平衡状态，故此时压杆所受的压力接近（实际上是略大于）压杆失稳的临界荷载 P_{cr}，在工程精度范围内可定义此时的压力为压杆失稳的临界压力 P_{cr}。

（5）多次实验时，虽每次在直线平衡状态的压力不同，但失稳到弯曲平衡状态时，依（4）得到的临界压力 P_{cr} 是稳定的，故此判断临界压力 P_{cr} 的方案可行。

读取数据的方式同弹性模量和泊松比电测试验，包括压力及应变的读取。在用直线平衡状态数据计算弹性模量时，可采用分级读数的方式。在读取临界压力时可采用双光标读最小值的方式。

通过实验前的测量及实验后的数据读取就得到了我们所需要的数据，代入相应的公式或计算表格即可得到弹性模量 E，经计算可得到压杆理论临界力，并与和临界压力 P_{cr} 相比较，可验证不同条件下欧拉公式的正确性，寻找实验误差产生的原因及可能的解决方法。

3.8.5　实验注意事项

（1）在紧急情况下，没有明确的方案时，按急停按钮。

（2）上夹头拉杆应处于固结状态。

（3）在装夹试件确定油缸位置时，严禁在油缸运行时手持试件在夹头套中间判断油缸的位置。

（4）装夹试件时要调整好加载转接件与夹头套的间隙，间隙为 2～3mm 较为合适，并在报警参数的设置中考虑此间隙。

（5）实验初始阶段加载要缓慢。

（6）进行数据采集的第一步为初始化硬件，初始化完成后应确认采集设备的量程指示与通道参数的设定值一致；且平衡后各通道均无过载现象。

（7）试件装夹及拆卸过程中应注意对应变片、接线板及测试线的保护。

第4章 选 做 实 验

4.1 弯扭组合作用下的电测实验

4.1.1 实验目的

（1）用实验方法测定平面应力状态下一点处的主应力。

（2）进一步熟悉使用电阻应变仪的测量方法。

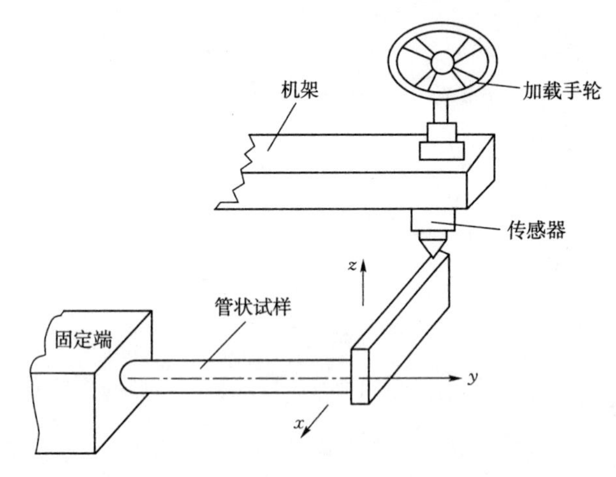

图 4.1 弯扭试验装置图

4.1.2 实验仪器

（1）多功能实验台、弯扭试件（薄壁圆筒）。

（2）力及应变综合参数测试仪。

（3）游标卡尺、钢板尺。

4.1.3 实验原理

1. 实验装置

在多功能实验台上，弯扭试件的一端固定于机架上，另一端在垂直于轴线的方向上连接一力臂，如图 4.1 所示。加载和卸载须旋转加载手轮（或摇把）来实现。荷载的大小由传感器将信号输出，经放大后，由力及应变综合参数测试仪显示器显示出荷载值。为了使在荷载不太大的情况下产生较大的应力，弯扭试样选用薄壁圆截面。

2. 弯扭组合作用时主应力的理论值

薄壁圆筒受载荷 P 作用，圆筒产生弯曲与扭转组合变形，圆筒试样的受力状况如图 4.2 所示。将力向 P 坐标原点所在截面简化，得到横向力 P 和外力偶矩 $M_n = Pa$，力 P 使圆筒产生弯曲变形，外力偶矩 M_n 使它产生扭转，所以圆筒产生弯曲与扭转组合变形。分别围绕 A、C 点用横截面、径向截面、周向截面从筒内取出一个单元体，在 A、C 点单元体上作用有弯矩引起的正应力 σ_w 和有扭矩引起的切应力 τ_1，其受力分量如图 4.3（a）、（b）所示。围绕 B 点用横截面、径向截面从筒

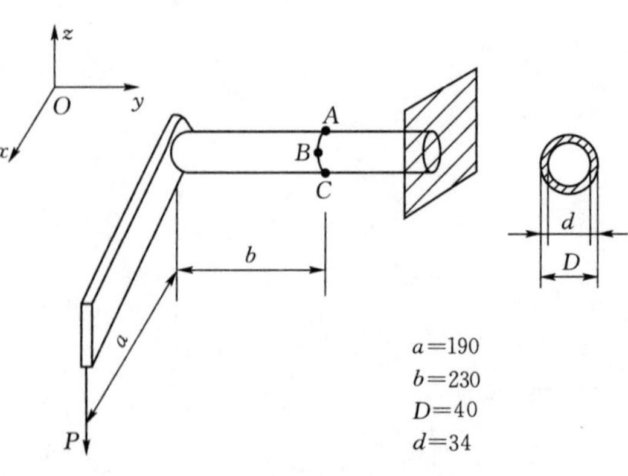

图 4.2 试件受力图

内取出一个单元体，其受力分量图如图 4.3（c）所示，可知 B 点单元体处于纯剪切状态，其切应力 τ 由扭矩引起的切应力 τ_1 和剪力引起的切应力 τ_2 两部分产生。这些应力可根据下列公式计算

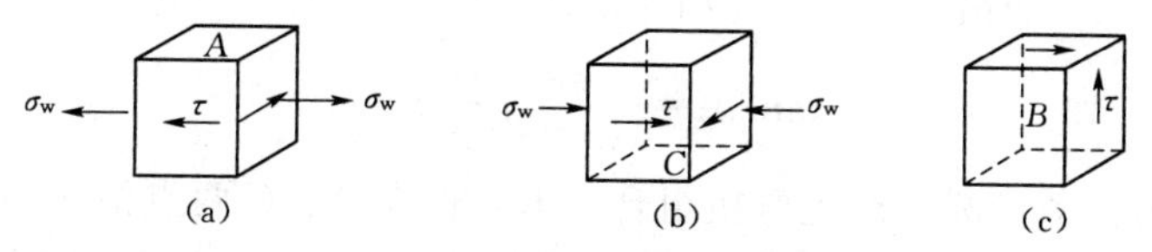

图 4.3 单元体受力分量图

$$\sigma_w=\frac{|M|}{W_Z}=\frac{|M|}{\dfrac{\pi(D^4-d^4)}{32D}} \tag{4.1}$$

$$\tau_1=\frac{T}{W_P}=\frac{T}{\dfrac{\pi(D^4-d^4)}{16D}} \tag{4.2}$$

$$\tau_2=\frac{F_S S_{Z\max}}{2tI_Z}=2\frac{F_S}{A} \tag{4.3}$$

式中：t 为薄壁圆筒的壁厚。

其主应力与主方向由平面应力状态理论分析，可得

$$\sigma_1=\frac{\sigma}{2}+\sqrt{\left(\frac{\sigma}{2}\right)^2+\tau^2} \tag{4.4}$$

$$\sigma_3=\frac{\sigma}{2}-\sqrt{\left(\frac{\sigma}{2}\right)^2+\tau^2} \tag{4.5}$$

$$\tan 2\alpha_0=\frac{-2\tau}{\sigma} \tag{4.6}$$

其主单体如图 4.4 所示。

实验中主要对 A、C 两点的主应力及主方向进行测量及验证。

3. 弯扭组合作用时主应力的测量值

（1）测量主应力的大小及方向。在试件的 A、C 点上分别粘贴一张三向应变片，如图 4.5 所示。

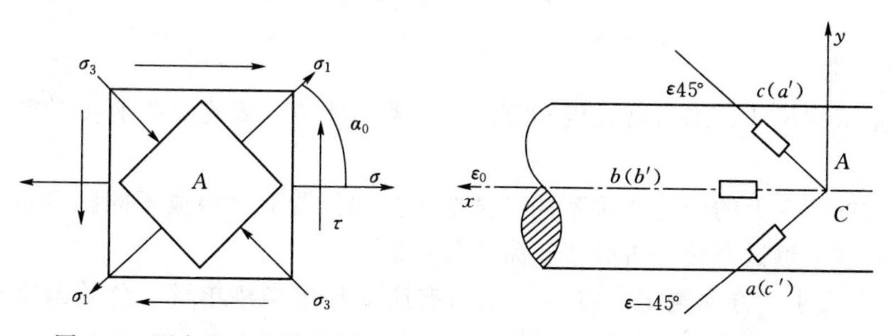

图 4.4 测点的应力状态图　　图 4.5 测点的直角应变花

应变花上三个应变片的 α 角分别为 $-45°$、$0°$、$45°$，根据广义胡克定律应力与应变关系，该点主应力和主方向可分别由应变表示，计算公式如下：

$$\sigma_1=\frac{E(\varepsilon_{45^\circ}+\varepsilon_{-45^\circ})}{2(1-\mu)}+\frac{\sqrt{2}E}{2(1+\mu)}\sqrt{(\varepsilon_{45^\circ}-\varepsilon_{0^\circ})^2+(\varepsilon_{-45^\circ}-\varepsilon_{0^\circ})^2} \quad (4.7)$$

$$\sigma_3=\frac{E(\varepsilon_{45^\circ}+\varepsilon_{-45^\circ})}{2(1-\mu)}-\frac{\sqrt{2}E}{2(1+\mu)}\sqrt{(\varepsilon_{45^\circ}-\varepsilon_{0^\circ})^2+(\varepsilon_{-45^\circ}-\varepsilon_{0^\circ})^2} \quad (4.8)$$

$$\tan 2\alpha_0=\frac{\varepsilon_{45^\circ}-\varepsilon_{-45^\circ}}{2\varepsilon_{0^\circ}-\varepsilon_{-45^\circ}-\varepsilon_{45^\circ}} \quad (4.9)$$

（2）测量弯矩。薄壁圆筒产生弯扭组合变形，但在 A、C 两点沿 x 方向只有因弯曲引起的拉伸和压缩应变，且两应变等值但符号相反。因此将 A、C 两点应变片 b 和 b' 采用半桥连接方式测量，即可得两点由弯曲引起的轴向应变 $\varepsilon_m=\varepsilon_b$，其测量值为

$$\varepsilon_d=(\varepsilon_b+\varepsilon_t)-(-\varepsilon_{b'}+\varepsilon_t)=2\varepsilon_b=2\varepsilon_m \quad (4.10)$$

则截成的弯矩值为

$$M=E_{\varepsilon_m}W_Z=\frac{E\pi(D^4-d^4)}{32D}\overline{\Delta\varepsilon_m} \quad (4.11)$$

（3）测量扭矩。当薄壁圆筒受纯扭转时，A、C 两点 45°方向和－45°方向的应变片都是沿主应力方向，且数值上等于主应力 σ_1、σ_3，符号相反。因此，采用全桥的连接方式测量，可得到两点由扭矩引起的主应变 $\varepsilon_1=\varepsilon_n$。因纯扭转时主应力 σ_1 和剪应力 τ 相等，可得到截面扭转时引起的应变值为

$$\varepsilon_d=\varepsilon_a-\varepsilon_c+\varepsilon_{a'}-\varepsilon_{c'}=\varepsilon_1-(-\varepsilon_1)+\varepsilon_1-(-\varepsilon_1)=4\varepsilon_1=4\varepsilon_n \quad (4.12)$$

由广义胡克定律可计算出其扭矩实验值：

$$M_n=\frac{E}{1+\mu}\frac{\pi(D^4-d^4)}{16D}\overline{\Delta\varepsilon_n} \quad (4.13)$$

当前的实验是弯扭组合，在上述 4 个应变片的应变中增加弯曲引起的应变，代入全桥连接的应变计算后将相互抵消，仍然得出与纯扭转一样的结果，因而上述测量扭矩的方法可用于弯扭组合的情况。

（4）测量弯曲应力和切应力。在实验中采用逐级等量加载法，故实验中弯曲应力可由下式计算：

$$\sigma_m=E\,\overline{\Delta\varepsilon_m} \quad (4.14)$$

切应力计算分式为

$$\tau=\sigma_1=\frac{E}{1+\mu}\overline{\Delta\varepsilon_n} \quad (4.15)$$

4.1.4 实验步骤

（1）测量试件尺寸、加力臂长度和测点距力臂的距离，确定试件有关参数，并进行数据记录。

（2）将薄壁圆筒上的应变片按不同测试要求接到仪器上，组成不同的测量桥路。调整好仪器，检查整个测试系统是否处于正常工作状态。

1）主应力大小、方向测定。将 A 点的所有应变片按半桥单臂、公共温度补偿法组成测量线路进行测量。

2）测定弯矩。将 A 和 C 两点的 b 和 b' 两只应变片按半桥双臂组成测量线路进行测量$\left(\varepsilon_m=\frac{\varepsilon_d}{2}\right)$。

3）测定扭矩。将 A 和 C 两点的 a、c 和 a'、c' 4 只应变片按全桥方式组成测量线路进行测量 $\left(\varepsilon_n=\frac{\varepsilon_d}{4}\right)$。

（3）拟订加载方案。先取适当的初载荷 P_0（一般取 $P_0\approx10\%P_{max}$），估算 P_{max}（本实验载荷 $P_{max}\leqslant400N$），分 4～6 级加载。

（4）根据加载方案，调整好实验加载装置。

（5）加载。均匀缓慢加载至初载荷 P_0，记下各点应变的初始读数。然后分级等增量加载，每增加一级载荷，依次记录各点电阻应变片的应变值，直到最终载荷。实验至少重复两次。

（6）做完实验后，卸掉载荷，关闭电源，整理好所用仪器设备，清理实验现场，将所用仪器设备复原，检查实验数据的合理性与完整性。

注：实验装置中，圆筒的管壁很薄，为避免损坏装置，注意切勿超载，不能用力扳动圆筒的自由端和力臂。

4.2 偏心拉伸实验

4.2.1 实验目的

（1）测定偏心拉伸时最大正应力，验证叠加原理的正确性。

（2）分别测定偏心拉伸时由拉力和弯矩所产生的应力。

（3）测定偏心距。

（4）测定弹性模量。

（5）进一步掌握电桥测量方法。

4.2.2 实验设备和仪器

（1）多功能实验台及偏心拉伸部件。

（2）力及应变综合参数测试仪。

（3）游标卡尺、钢板尺。

4.2.3 实验原理和方法

偏心拉伸试件，在外载荷作用下，其轴力 $F_n=P$，弯矩 $M=Pe$，其中 e 为偏心距。

1. 测定弹性模量

偏心拉伸试件及应变片的布置方法如图 4.6 所示，R_1 和 R_2 分别为试件两侧的两个对称点。两个应变片的应变分别为

$$\varepsilon_1=\varepsilon_P+\varepsilon_m \tag{4.16}$$

$$\varepsilon_2=\varepsilon_P-\varepsilon_m \tag{4.17}$$

式中：ε_P 为轴力引起的拉伸线应变；ε_m 为弯矩引起的线应变。

当采用等量逐级加载时，可求得 $\overline{\Delta\varepsilon_1}$ 和 $\overline{\Delta\varepsilon_2}$，有

$$\overline{\Delta\varepsilon_P}=\frac{\overline{\Delta\varepsilon_1}+\overline{\Delta\varepsilon_2}}{2} \tag{4.18}$$

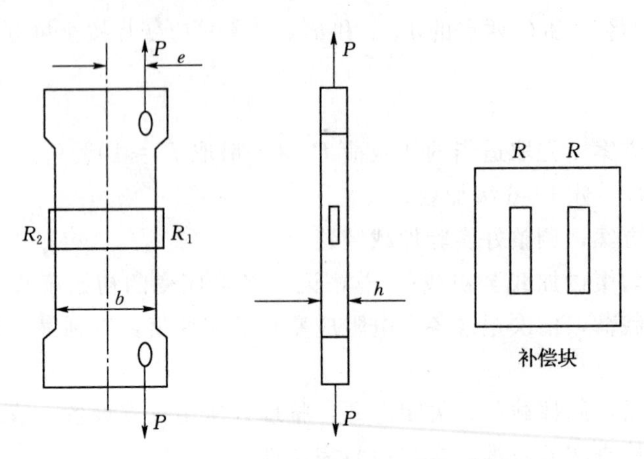

图 4.6　偏心拉伸试件及应变片的布置图

由于是小变形，在弹性阶段满足胡克定律，则弹性模量可表示为

$$E=\frac{\Delta P}{A\ \overline{\Delta\varepsilon_P}} \tag{4.19}$$

式中：ΔP 为外力增量；$\overline{\Delta\varepsilon_P}$为拉伸线应变的平均值。

2. 测偏心距

由式（4.16）和式（4.17），当采用等量逐级加载时，可求得$\overline{\Delta\varepsilon_1}$和$\overline{\Delta\varepsilon_2}$，有

$$\overline{\Delta\varepsilon_m}=\frac{\overline{\Delta\varepsilon_1}-\overline{\Delta\varepsilon_2}}{2} \tag{4.20}$$

在 R_1 和 R_2 处由于弯矩引起的正应力是最大值，为$\frac{M}{W_Z}$，其中 M 是该截面上的弯矩 ΔPe；W_Z 是该截面上的弯曲截面系数$\frac{hb^2}{6}$。

由于是小变形，在弹性阶段满足胡克定律，则有

$$\frac{M}{W_Z}=E\ \overline{\Delta\varepsilon_m} \tag{4.21}$$

所以从实验上有

$$e=\frac{Ehb^2}{6\Delta P}\overline{\Delta\varepsilon_m} \tag{4.22}$$

3. 测定偏心拉伸时最大正应力

根据叠加原理，得横截面上的应力为单向应力状态，其理论计算公式为拉伸应力和弯矩正应力的代数和。两侧的应力分别为

$$\sigma_1=\frac{\Delta P}{A}+\frac{6\Delta M}{hb^2}=\frac{\Delta P}{A}+\frac{6\Delta Pe}{hb^2} \tag{4.23}$$

$$\sigma_2=\frac{\Delta P}{A}-\frac{6\Delta M}{hb^2}=\frac{\Delta P}{A}-\frac{6\Delta Pe}{hb^2} \tag{4.24}$$

从实验上，由于是小变形，变形在弹性阶段，满足胡克定律，则有应力的实验测定计算公式

$$\sigma_1=E\varepsilon_1=E(\Delta\varepsilon_P+\Delta\varepsilon_m) \tag{4.25}$$

$$\sigma_2 = E\varepsilon_2 = E(\Delta\varepsilon_P - \Delta\varepsilon_m) \tag{4.26}$$

4. 电路组成

根据桥路原理，采用不同的组桥方式，即可分别测出与轴向力及弯矩有关的应变值。从而进一步求得弹性模量 E、偏心距 e、最大正应力和分别由轴力、弯矩产生的应力。

测量时可直接采用半桥单臂方式测出 R_1 和 R_2 受力产生的应变值 ε_1 和 ε_2。通过式 (4.18)、式 (4.20) 计算出轴力引起的拉伸应变 ε_P 和弯矩引起的应变 ε_m。也可采用邻臂桥路接法直接测出弯矩引起的应变 ε_m，采用此接桥方式不需温度补偿片，接线如图 4.7 (a) 所示。采用对臂桥路接法可直接测出轴向力引起的应变 ε_P，采用此接桥方式需加温度补偿片，接线如图 4.7 (b) 所示。

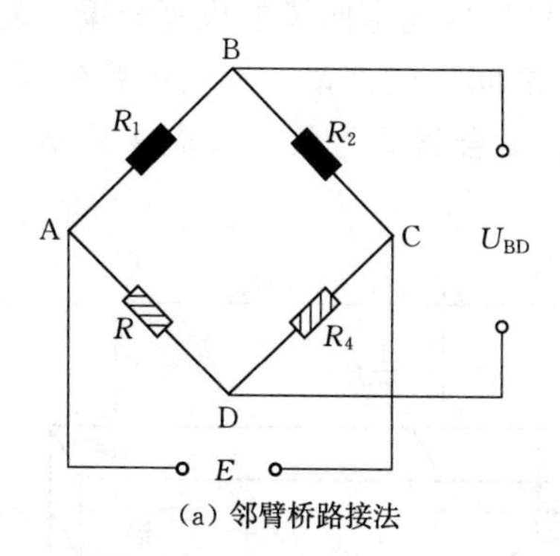

(a) 邻臂桥路接法

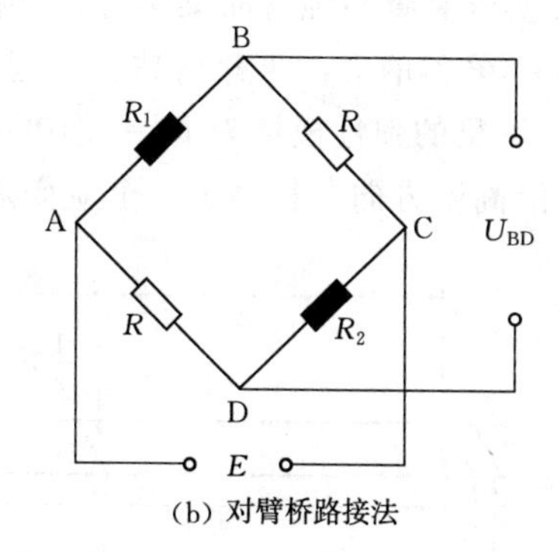

(b) 对臂桥路接法

图 4.7 偏心拉伸的组桥方式

采用邻臂桥路接法可直接测出弯矩引起的应变 ε_m：

$$\varepsilon_d = \varepsilon_1 - \varepsilon_2 = \varepsilon_P + \varepsilon_m + \varepsilon_t - (\varepsilon_P - \varepsilon_m + \varepsilon_t) = 2\varepsilon_m \tag{4.27}$$

采用对臂桥路接法可直接测出轴向力引起的应变 ε_P：

$$\varepsilon_d = \varepsilon_1 - \varepsilon_2 - \varepsilon_3 + \varepsilon_4 = \varepsilon_P + \varepsilon_m + \varepsilon_t - \varepsilon_t - \varepsilon_t + (\varepsilon_P - \varepsilon_m + \varepsilon_t) = 2\varepsilon_P \tag{4.28}$$

4.2.4 实验步骤

(1) 测量试件尺寸。在试件标距范围内，测量试件三个横截面尺寸，取三处横截面面积的平均值作为试件的横截面积 A。

(2) 拟订加载方案。先选取适当的初载荷 P_0（一般取 $P_0 \approx 10\% P_{max}$），估算 P_{max}（该实验载荷 $P_{max} \leqslant 1000$N），分 4～6 级加载。

(3) 根据加载方案，调整好实验加载装置。

(4) 按实验要求接好线，调整好仪器，检查整个系统是否处于正常工作状态。

(5) 加载。均匀缓慢加载至初载荷 P_0，记下各点应变的初始读数。然后分级等增量加载，每增加一级载荷，依次记录应变值 ε_P 和 ε_m，直到最终载荷。实验至少重复两次。

(6) 卸掉载荷，关闭电源，整理好所用仪器设备后进行数据处理。

4.3 复合梁应力测定实验

4.3.1 实验目的

(1) 用电测法测定复合梁在纯弯曲受力状态下，沿其横截面高度的正应变（正应力）

分布规律。

（2）推导复合梁的正应力计算公式。

（3）测定复合梁中性轴的偏移量。

4.3.2　实验设备和仪器

（1）多功能实验台及复合梁实验装置与部件。

（2）力及应变综合参数测试仪。

4.3.3　实验原理

1. 测定正应力

复合梁实验装置与纯弯曲梁实验装置相同，只是将纯弯曲梁换成复合梁。复合梁所用材料分别为铝梁和钢梁，两者粘贴在一起，相互之间不能滑动。铝梁的弹性模量为 $E_1 = 70\text{GN/m}^2$，钢梁的弹性模量为 $E_2 = 210\text{GN/m}^2$。复合梁受力状态和应变片粘贴位置如图 4.8 所示。沿高度方向共粘贴了 8 个应变片。

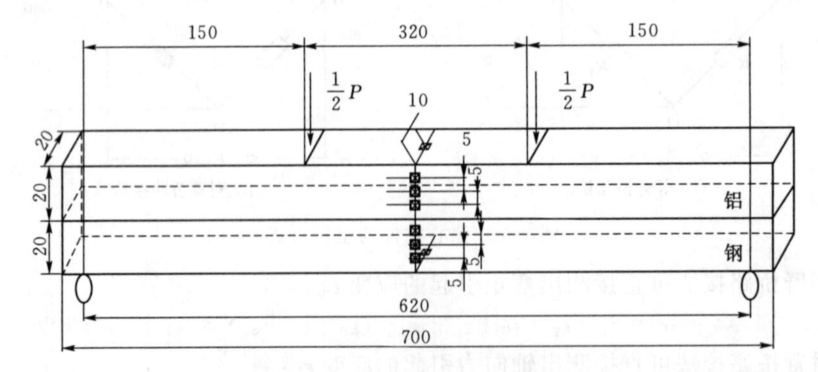

图 4.8　复合梁受力简图（单位：mm）

复合梁平面假设成立，根据胡克定律，两种材料横截面上的正应力分别为

$$\sigma_1 = E_1 \frac{y}{\rho}, \sigma_2 = E_2 \frac{y}{\rho}$$

由截面上轴力为零的条件，确定中性轴的位置，即

$$\int_{A_1} \sigma_1 \mathrm{d}A + \int_{A_2} \sigma_2 \mathrm{d}A = 0$$

又横截面上的弯矩为

$M_Z = \int_A \sigma y \mathrm{d}A = \frac{1}{\rho}(E_1 I_{Z1} + E_2 I_{Z2})$，则曲率为

$$\frac{1}{\rho} = \frac{M_Z}{E_1 I_{Z1} + E_2 I_{Z2}} \tag{4.29}$$

I_{Z1} 为截面Ⅰ（铝梁）截面对整个截面中性 Z 轴的惯性矩；I_{Z2} 为钢梁截面Ⅱ对整个截面中性 Z 轴的惯性矩。因而可得到复合梁Ⅰ和复合梁Ⅱ正应力理论计算公式分别为

$$\sigma_1 = E_1 \frac{y}{\rho} = \frac{E_1 M_Z}{E_1 I_{Z1} + E_2 I_{Z2}} \tag{4.30}$$

$$\sigma_2 = E_2 \frac{y}{\rho} = \frac{E_2 M_Z}{E_1 I_{Z1} + E_2 I_{Z2}} \tag{4.31}$$

在叠梁或复合梁的纯弯曲段内，沿叠梁或复合梁的横截面高度已粘贴一组 8 个应变片。当梁受载后，可由应变仪测得每片应变片的应变，即得到实测的沿叠梁或复合梁横截面高度的应变分布规律。在实验中采用逐级等量加载的方式，记录下每个载荷下的 ε，可测得每个测定点的$\overline{\Delta\varepsilon}$。由单向应力状态的胡克定律可求出应力实验值 $\sigma=E\,\overline{\Delta\varepsilon}$。

将应力实验值与应力理论值进行比较，以验证叠梁、复合梁的正应力计算公式。

2. 测定中性轴位置的偏移量

令 $n=E_2/E_1$，中性轴位置的偏移量为

$$e=\frac{h(n-1)}{2(n+1)} \tag{4.32}$$

4.3.4 实验步骤

（1）加初始载荷 $P=100\text{N}$，将各通道初始应变均置为零。

（2）本实验取初始载荷 $P_1=400\text{kN}$，$P_{\max}=2000\text{kN}$，$\Delta P=400\text{kN}$，共分 5 次加载。

（3）逐级加载，记录各级载荷作用下每片应变片的应变读数。

（4）进行数据处理。

4.4 电测动态应力实验

4.4.1 实验目的

（1）掌握动态应力测试方法。

（2）掌握动态应变仪的基本原理与使用方法。

（3）测量桥梁系统振动时的动应力及振动频率。

4.4.2 实验设备

（1）板梁振动系统。

（2）YE3818 动态电阻应变仪。

（3）微机数据采集系统。

4.4.3 实验原理

如图 4.9 所示的钢质简支梁，中点安装一个带有偏心重锤的电动机，电动机转动时偏心锤随之旋转，使梁承受一个周期性干扰力，发生强迫振动，通过调压变压器调整电动机的输入电压以改变电动机转速，即改变干扰力的大小及其频率。当它与板梁系统的固有频率一致时，系统产生共振，此时板梁有最大的振幅。

测定时，通过在板梁某一截面的上、下边缘粘贴的电阻应变片 A_1、A_3 及 A_2、A_4，将梁振动时该截面被测点处的动应变信号输送给动态电阻应变仪，应变仪将应变信号放大并输给微机数据采集系统，微机将应变信号的波形记录下来，并进行计算和处理，给出测点的最大应力和最小应力。测试系统各仪器的连接框图如图 4.9 所示。

由于测量应变时，板梁截面上、下边缘的 4 个应变片采用全桥的连接方法，故仪器的应变值 ε'是被测点真实应变值 ε 的 4 倍，因此

$$\varepsilon=\frac{\varepsilon'}{4}$$

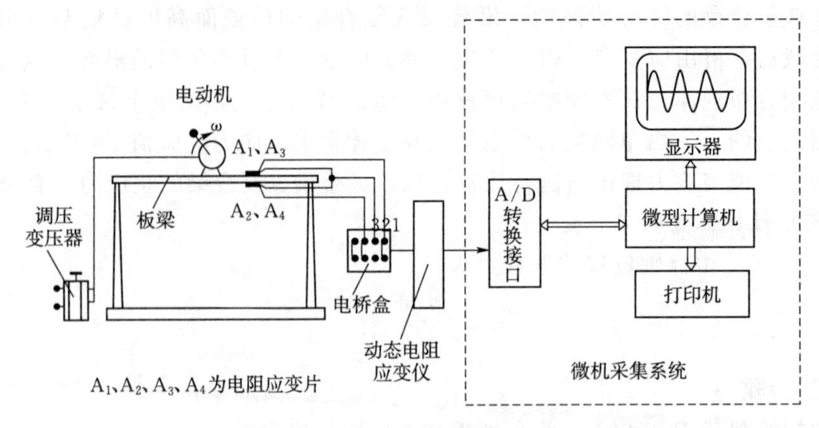

图 4.9 电测动态应力测试系统各仪器的连接框图

此外，又因为动态应变仪的灵敏系数 $K_{仪}$ 是定值，不能调整，它与应变片的灵敏系数 $K_{片}$ 不一定相同，必须进行修正，修正后的应变方为测点处真实应变，其值为

$$\varepsilon_e = \frac{K_{仪}}{K_{片}}\varepsilon$$

板梁上、下边缘为单向应力状态，其最大应力为

$$\sigma_{d\max} = E \cdot (\varepsilon_{\max})_e = E\frac{K_{仪}}{K_{片}} \cdot \varepsilon_{\max} \tag{4.33}$$

最小应力为

$$\sigma_{d\min} = E \cdot (\varepsilon_{\min})_e = E\frac{K_{仪}}{K_{片}} \cdot \varepsilon_{\min} \tag{4.34}$$

实际上，上述运算过程已在计算机采集过程中已经由计算机程序完成，所以计算机的显示值就是实际的测量值，无需再进行计算。

4.4.4 试验步骤

(1) 按图 4.9 连接各个仪器。

1) 按图 4.10 接法将连接应变片 A_1、A_2 导线接在电桥盒上，电桥盒的电缆线插头接应变仪前面板选定的通道。

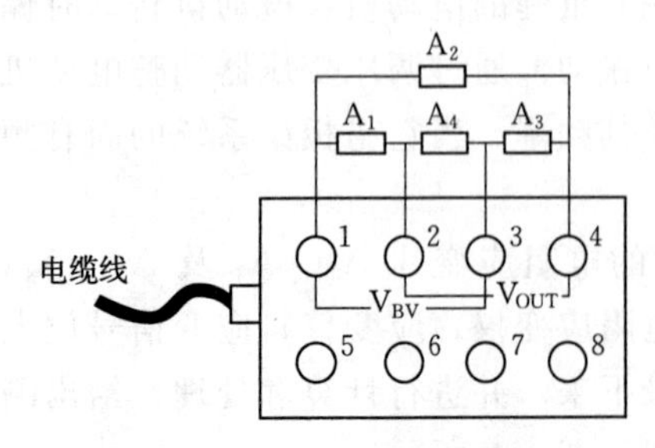

图 4.10 桥盒接线图

2) 将相应通道的输入接入采集端子板。

(2) 打开 YE3818 应变仪电源开头。

(3) 打开微机各部分电源开关。

(4) 用鼠标左键单击“动应力测试”，调入应用程序设计。

(5) 调整相应通道的初始平衡。

1) 选定电桥电压，旋转每通道的最上部标有“BV”的旋钮至“4”(表示桥压为 4V)。

2) 旋转“增益”(gain，放大倍数)，至“1k”档位（1000 倍)。

3) 旋转低通滤波器旋钮至“10k”档位（10kHZ)。

4) 按下电桥平衡（AUTO）按钮，之后电桥自动平衡，电压输出基本为 0。

（6）进行应变标定：用应变仪的“标定”旋转分别选定±300$\mu\varepsilon$，调整应变仪的“灵敏度”使微机显示值为±300$\mu\varepsilon$。

（7）缓慢调整变压器，使板梁产生较大振幅，并观察测点振动情况（电压不超过60V）。

（8）在测试程序界面上，用鼠标左键单击“连续测试”按钮，记录动态应变波形。

（9）停止梁的振动，观察曲线形状，在计算机上测出动应力极值和振动周期 T（振动频率 $f=\frac{1}{T}$），进行数据处理。

4.5 冲击动应力实验

4.5.1 实验目的

（1）学习动态应力测试方法。

（2）学习动态电阻应变仪和计算机数据采集系统的使用方法。

（3）测定落锤冲击悬臂梁的动荷系数，学习动态测量数据的分析方法。

4.5.2 实验设备

（1）落锤式冲击实验装置。

（2）YE3818 型动态电阻应变仪。

（3）计算机机数据采集系统。

4.5.3 实验原理及装置

如图 4.11 所示的悬臂梁（矩形截面，分别由钢、铜、合金铝制成），梁上图示位置粘贴有 4 片应变片（上下表面各 2 片）组成全桥，用以测量静态和动态变形。实验时，可将落锤在 5～30cm 的高度内冲击在梁的自由端上。落锤在下落过程中遮挡光电开关，以此触发计算机开始采集数据。梁的变形信号由动态电阻应变仪放大后输入到计算机，在计算机上给出波形图和测量数据，并根据静态结果和冲击测量结果，可以计算出动荷系数。

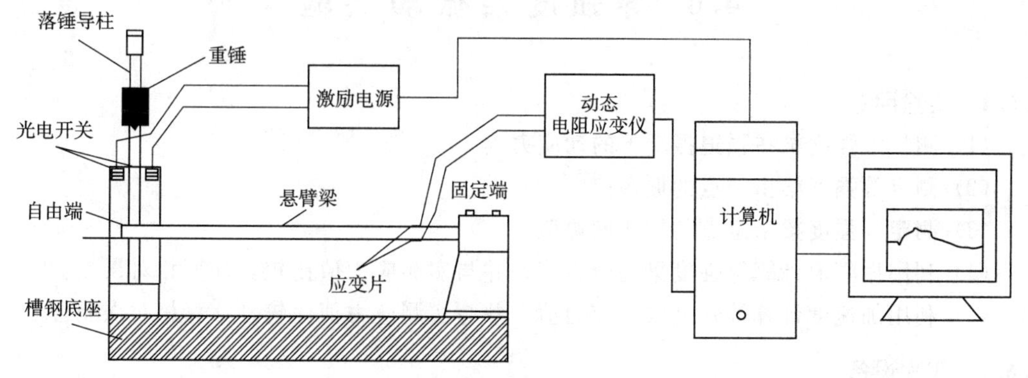

图 4.11 实验装置图

4.5.4 实验步骤

（1）按图 4.11 连接各个仪器。

1）按图4.10接法将连接应变片A_1、A_2的导线接在电桥盒上，电桥盒的电缆线插头接应变仪前面板选定的通道。

2）将相应通道的输入接入采集端子板。

（2）打开YE3818应变仪和激励电源的电源开关。

（3）打开微机各部分电源开关；用鼠标左键双击“冲击”程序图标，调入应用程序。

（4）调整相应通道的初始平衡。

1）选定电桥电压，旋转每通道的最上部标有“BV”的旋钮，至“4”（表示桥压为4V）。

2）旋转“增益”（gain，放大倍数）旋钮，至“1k”档位（1000倍）。

3）旋转低通滤波器旋钮至“10k”档位（10kHz）。

4）按下电桥平衡（AUTO）按钮，之后电桥自动平衡，电压输出基本为0。

（5）单击“连续测量”按钮，抬起冲击重锤，并使鼠标对准屏幕显示的红线。此时屏幕上的模拟表头显示应变的当前值。若不为0，按下应变仪的复零开关，若仍不为0，调整微调电位器使之为0。

（6）零点调好后，将重锤放下测量静应变，记录显示值，这一值为测点的静应变ε_j。

（7）将重锤抬起到设定的高度（20～30cm），单击“冲击测量”按钮。

（8）放重锤对悬臂梁进行冲击，屏幕显示动态曲线，测出最大动应变，根据动荷系数的定义$K_d=\frac{\varepsilon_{d\max}}{\varepsilon_j}$，计算出动荷系数。

（9）用鼠标拉动曲线下方的平移指针，观察曲线后面部分的特点。

（10）关闭各仪器电源，整理现场。

4.5.5 注意事项

（1）实验中，严禁将手伸入重锤以下位置。

（2）测量静应变时，重锤要缓慢放下。

4.6 等强度梁振动实验

4.6.1 实验目的

（1）测量等强度梁在强迫振动下的动应力。

（2）测定等强度梁指定点的振幅值。

（3）测定等强度梁指定点的加速度幅值。

（4）利用振幅值计算等强度梁动应力值，并与实测应力值比较，计算相对误差。

（5）利用加速度计算等强度梁动应力值，并与实测应力值比较，计算相对误差。

4.6.2 实验设备

（1）等强度梁。

（2）数显百分表。

（3）激振器。

(4) 加速度传感器。

4.6.3 实验原理

1. 实验装置

等强度梁实验装置如图 4.12 所示，在梁上 C 点装有数字显示百分表和加速度传感器，在梁的端部装有电磁激振器（或偏心电机激振器），在等强度梁上贴有 4 个电阻应变片，梁的上表面为 R_1、R_2；下表面为 R_3、R_4；且 R_1、R_2 与 x 轴平行；R_3、R_4 与 x 轴垂直。电阻应变片位置如图 4.13 所示。

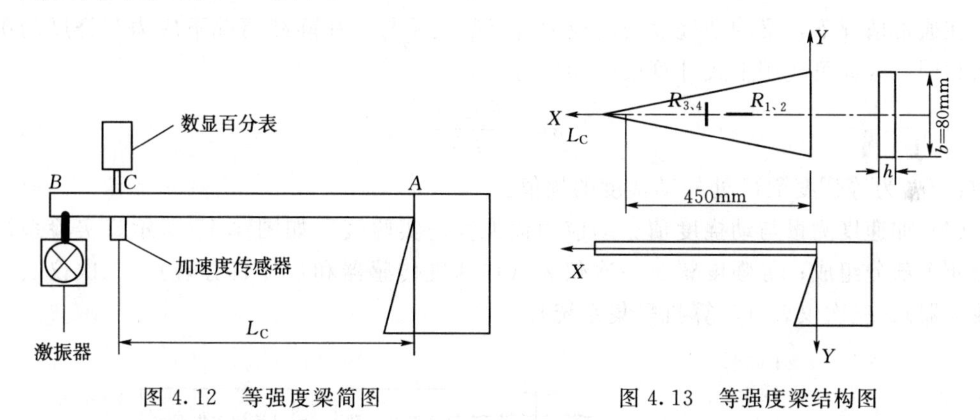

图 4.12 等强度梁简图

图 4.13 等强度梁结构图

动态数据采集系统是由两个相对独立的应变测量系统（DH5935）和振动测量系统（DH5936）组成的，它们可同一个电脑工作平台上进行数据采集和数据处理。

激振系统有两种形式。较简易的形式是在等强度梁上安装一带偏心小锤的电动机，当电动机转动时，偏心锤旋转，产生激振力；另一种形式是利用扫频信号发生器及功率放大器推动电磁激振器，使等强度梁振动，工作原理如图 4.14 所示。

频率信号发生器 → 功率放大器 → 激振器 → 等强度梁

图 4.14 激振系统工作框图

2. 实验原理

(1) 动应力的测量。等强度梁的截面尺寸如图 4.13 所示，长度方向为 X 轴，垂直面上的轴为 Y 轴。由于等强度梁沿 X 轴各截面上应力相同，因此，不同截面上贴的电阻应变片所测出的应变值应相同。在激振力的作用下，电阻应变片可测量出梁的动应变值。梁在振动时的正应力实测值为

$$\sigma_{实}=E\varepsilon_{动}$$

式中：E 为梁的弹性模量；$\varepsilon_{动}$ 为振动时的动应变。

(2) 动挠度测量。动挠度是梁在振动时横截面的形心沿 Y 方向的位移。在等强度梁的测点上安装数显百分表，可测到动挠度的幅值 $f_{C动}$，动挠度幅值可直接从百分表读取。

(3) 动挠度值换算动应力值。等强度梁在垂直静态载荷作用下，最大弯曲正应力为

$$\sigma=\frac{M}{W}=\frac{6FL}{bh^2}$$

等强度梁的曲线方程为

$$v=\frac{6Flx^2}{Ebh^3}$$

发生在 C 点处的挠度：

$$f_C=\frac{6FLL_C^2}{Ebh^3}$$

在已知挠度 f_C 时，可计算出梁的最大应力：

$$\sigma=\frac{Ef_Ch}{L_C^2}$$

在通常情况下，梁的动挠度与动应力有函数关系与它在静载情况下应力与挠度的函数关系相同，因此可使用上式计算梁的动应力：

$$\sigma_{动}=\frac{Ef_{C动}h}{L_C^2} \tag{4.35}$$

式中：$f_{C动}$ 为等强度梁 C 处的动挠度的幅值。

(4) 加速度测量与动挠度值、动应力值换算。实验装置如图 4.15 所示。实验系统主要由 4 个部分组成；等强度梁、一次仪表（加速度传感器和数显百分表）、二次仪表（电荷放大器）、三次仪表（计算机采集系统）。

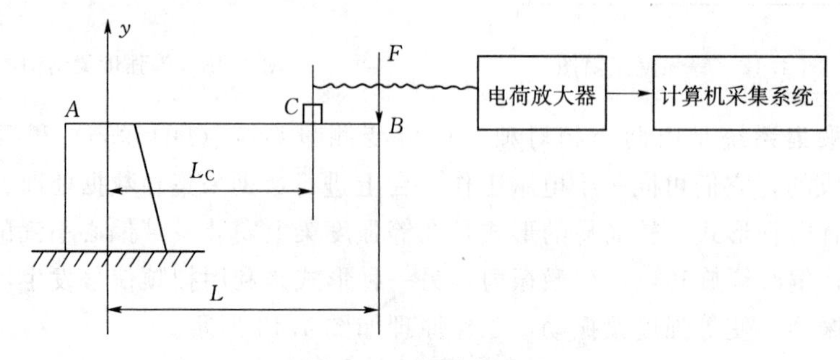

图 4.15 实验装置图

设简谐振动的位移、速度和加速度分别为 x、v 和 a，其幅值为 X、V 和 A，则有

$$x=B\sin(\omega t-\varphi) \tag{4.36}$$

$$v=\frac{dv}{dt}=\omega B\cos(\omega t-\varphi) \tag{4.37}$$

$$a=\frac{d^2x}{dt}=-\omega^2B\sin(\omega t-\varphi) \tag{4.38}$$

式中：B 为位移振幅；ω 为振动角频率；φ 为初相位。故

$$X=B \tag{4.39}$$

$$v=\omega B=2\pi fB \tag{4.40}$$

$$A=\omega^2B=(2\pi f)^2B \tag{4.41}$$

振动信号的幅值可根据位移、速度、加速度的关系，用位移传感器或速度传感器、加速度传感器来测量。在实验中利用加速度传感器测定梁的位移。

容易得到，当测得加速度的振幅 A，便可计算出该点的位移振幅 B：

$$B=\frac{A}{(2\pi f)^2} \tag{4.42}$$

在实验过程中可不断改变振动频率，可测出在不同激振频率下的加速度和位移振幅。

（5）数据处理。

1）从计算机采集系统上测得等强度梁的振动曲线，曲线的纵坐标为应变 ε，横坐标为时间 t。$\varepsilon_{动}$ 为动应变幅值。可计算出动应力实测值：

$$\varepsilon_{动}=E\varepsilon_{a} \tag{4.43}$$

2）利用数显百分表可测得等强度梁 C 截面处的动挠度幅值 $f_{c动}$，读数单位为 mm。

3）可换算出动应力值 $\sigma_{动}$，可计算出实测动应力 $\sigma_{实}$ 与换算值 $\sigma_{动}$ 的相对误差。

4.6.4 实验步骤

（1）安装数显百分表。打开开关，按下 0 键清零，进入一般工作状态；再连续按两次 S 键，并按一次 0 键，进入最大值跟踪状态。

（2）测等强度梁的相关尺寸。

（3）将梁上的电阻应变片接成全桥。

（4）依次启动计算机、动态应变测试系统。

（5）进入测试数据采集分析系统。

（6）启动激振系统进行振动。

（7）动态应变测试系统开始采样。

（8）记录数显百分表的动挠度值。

（9）记录极差值，并打印曲线。

4.7 光弹性实验

光弹性测试方法是光学与力学紧密结合的一种测试技术，是实验应力分析的主要方法之一。它采用具有双折射性能的透明材料，制成与构件形状几何相似的模型，使其承受与原构件相似的载荷。将此模型置于偏振光场中，模型上即显示出与应力有关的干涉条纹图。通过分析计算即可得知模型内部及表面各点的应力大小和方向。再依照模型相似原理就可以换算成真实构件上的应力。光弹性测试方法的特点是具有足够的精度、直观性强、可靠性高、适应性广，能直接观察到构件的全场应力分布情况。特别是对于解决复杂构件、复杂载荷下的应力测量问题，以及确定构件的应力集中部位、测量应力集中系数等问题，光弹性测试方法更显得有效。

4.7.1 光测弹性仪

光测弹性仪（简称光弹仪）是进行光弹性实验的仪器，在仪器上可以做平面受力模型（或三向冻结模型切片）的光弹性实验。它利用偏振光照射受力的塑料模型，获得清晰的干涉条纹图，通过分析，求得模型上任意一点的主应力大小和方向。

1. 光弹仪的基本结构

图 4.16 是国产 409－Ⅱ型光弹仪的光路系统，一般由下列部件组成：

（1）光源。有白光灯、高压汞灯或钠灯等。白光灯产生白光，白光由红、橙、黄、绿、青、蓝、紫等 7 种色光组成。高压汞灯加滤色片，能获得纯绿的单色光。钠灯产生的单色光为黄光。

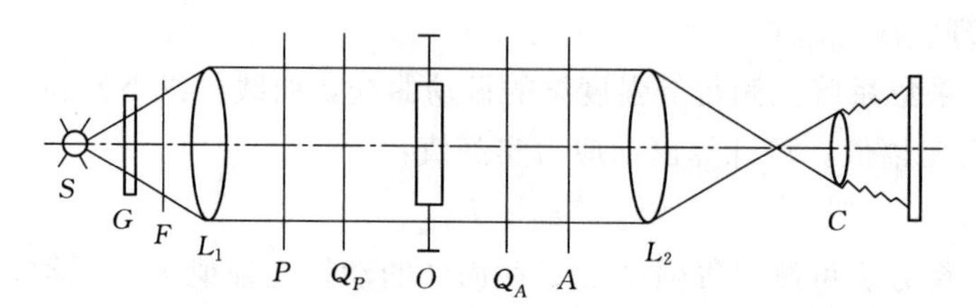

S—光源；G—隔热玻璃；F—滤色片；L_1—准直透镜；P—起偏镜；Q_P、Q_A—1/4 波片；

O—模型；A—检偏镜；L_2—视场镜；C—照相机

图 4.16　光弹仪光路图

（2）隔热玻璃。用来吸热，保护其后面的光学元件。

（3）滤色片。使光变成单色光波。

（4）准直透镜。使光变成平行光，保证光线垂直通过模型。

（5）起偏镜与检偏镜。由偏振片制成。靠近光源的偏振片称为起偏镜，它把来自光源的自然光变成平面偏振光；后面的一块偏振片称为检偏镜，用来检验光波通过的情况。当起偏镜与检偏镜的偏振轴互相垂直放置时，称为正交平面偏振布置，此时，观察到的光场为暗场。如两镜的偏振轴互相平行放置，则称为平行平面偏振布置，此时，观察到的光场为亮场。起偏镜与检偏镜有同步回转机构，能使其偏振轴同步旋转。

由光源 S、起偏镜 P 和检偏镜 A 就可组成一个简单的平面偏振光场。起偏镜 P 和检偏镜 A 均为偏振片，各有一个偏振轴（简称为 P 轴和 A 轴）。如果 P 轴与 A 轴平行，由起偏镜 P 产生的偏振光可以全部通过检偏镜 A，将形成一个全亮的光场，简称为亮场，如图 4.17（a）所示。如果 P 轴与 A 轴垂直，由起偏镜 P 产生的偏振光全部不通过检偏镜 A，将形成一个全暗的光场，简称为暗场，如图 4.17（b）所示。

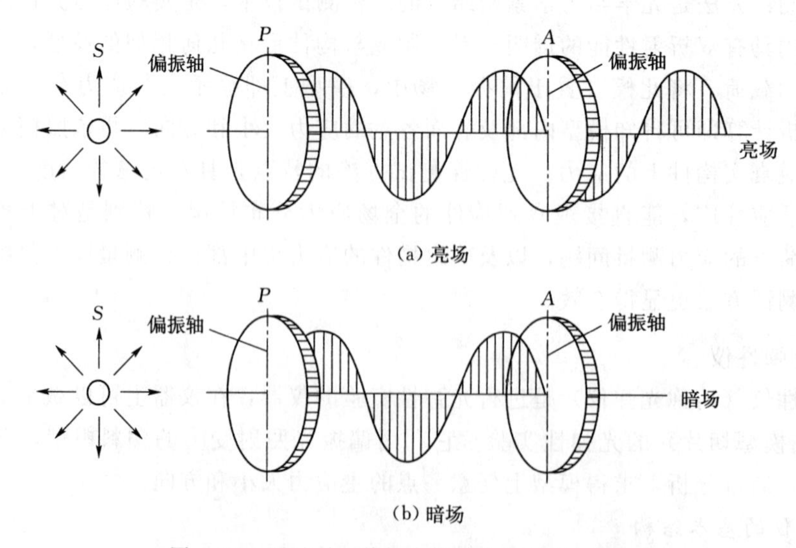

图 4.17　通过平面偏振光场形成的亮场与暗场

（6）1/4 波片。产生圆偏振光。第一块 1/4 波片的快、慢轴与起偏振轴成 45°角，从而把来自起偏镜的平面偏振光变为圆偏振光。通过这块波片快轴的光波较慢轴的领先 1/4

波长。第二块 1/4 波片的快轴和慢轴恰好与第一块 1/4 波片的快、慢轴正交，因而可以抵消第一块波片所产生的相位差，将圆偏振光还原为自起偏镜发出的平面偏振光。

（7）加载架。使模型受力。工作台面能上下、左右移动，使模型处于光场之中。

（8）视场镜。使平行光聚焦。

（9）照相机或投影屏。供摄影或观察用。

2. 光弹仪的调整

（1）调整光源及各镜片和透镜的高度，使它们的中心线在同一条水平线上。

（2）正交平面偏振布置的调整：首先，卸下两块 1/4 波片，旋转一个偏振片（起偏镜或检偏镜），使呈现暗场，表示它们的偏振轴互成正交；然后，开启白光光源，将一个标准试件（圆盘模型）放在加载架上使试件平面与光路垂直，并使其承受铅垂方向的径向压力。同步旋转起偏镜及检偏镜，直至圆盘模型上出现正交黑十字形。这说明，两个镜片的偏振轴不仅正交，而且一个偏振轴在水平位置，另一个在垂直位置，这时两个镜片的指示刻度应分别是 0°和 90°。

（3）双正交圆偏振布置的调整：在调整好的正交平面偏振布置中，先装入一块 1/4 波片，将它旋转，使检偏镜后面看到的光场最暗，这时表示 1/4 波片的快、慢轴分别与起偏镜和检偏镜的偏振轴平行。然后将 1/4 波片向任意方向转动 45°角，再把第二块 1/4 波片装入，将它旋转，使光场再次最暗。这时，两块 1/4 波片的轴是互相正交的，4 块镜片构成所谓双正交圆偏振布置（暗场）。此时 1/4 波片的指示刻度应为 45°。

3. 使用光弹仪的注意事项

（1）光源开启后，应检查风扇是否正常工作。

（2）光学零件应注意防霉、防潮和防尘，避免含有酸、碱的蒸气侵蚀及防止过冷过热。

（3）高压汞灯和钠灯开启后均需经 5～10min 后才能稳定到额定功率，关闭后须经 15min 方可重新开启。

（4）对模型加载时，要正确平稳，防止模型弹出损坏镜片。

4.7.2 光弹性实验（演示）

1. 测试原理

光弹性法的光源有单色光和白光两种，单色光是只有一种波长的光；白光则是由红、橙、黄、绿、青、蓝、紫等 7 种单色光组成的。发自光源的自然光是向四面八方传播的横振动波。当自然光遇到偏振片时，就只有振动方向与偏振轴平行的光线才能通过，这就形成平面偏振光，其振动方程为

$$u = A\sin\frac{2\pi}{\lambda}vt \tag{4.44}$$

式中：A 为光波的振幅；λ 为单色光的波长；v 为光波的传播速度；t 为时间。

根据光学原理，偏振光的强度与振幅 A 的平方成正比，即

$$I = KA^2 \tag{4.45}$$

式中：比例常数 K 是一个光学常数。

用具有双折射性能的透明材料（如环氧树脂塑料或聚碳酸醋塑料）制成与实际构件相似的模型，并将它放在起偏镜和检偏镜之间的平面偏振光场中（图 4.18）。当模型不受力

时，偏振光通过模型并无变化。如模型受力，将产生暂时双折射现象，即入射光线通过模型后将沿两个主应力方向分解为两束相互垂直的偏振光。设某一单元体的主应力为 σ_1 和 σ_2，则偏振光通过这一单元时，又将沿 σ_1 和 σ_2 的方向分解成互相垂直、传播速度不同的两束偏振光。

由于两束偏振光在模型中的传播速度并不相同，穿过模型后它们之间产生一个光程差 Δ。实验结果表明，Δ 与该单元主应力差（$\sigma_1-\sigma_2$）和模型厚度 h 成正比，即

$$\Delta=Ch(\sigma_1-\sigma_2) \tag{4.46}$$

式中比例常数 C 与光波波长和模型材料的光学性质有关，称为材料的光学常数。式(4.46)称为应力-光学定律，是光弹性实验的基础。两束光通过检偏镜后将合成一个平面振动，形成干涉条纹。如果光源用白色光，看到的是彩色干涉条纹；如果光源用单色光，看到的是明暗相间的干涉条纹。光弹性法的实质是利用光弹性仪测定光程差的 Δ 大小，然后根据应力-光学定律确定主应力差。

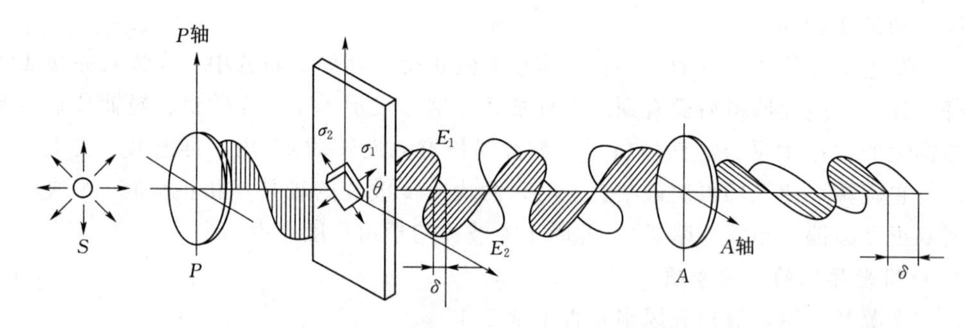

图 4.18　在平面偏振光场中形成的双折射现象

2. 平面偏振布置中的光弹性效应

如图 4.19 所示的正交平面偏振布置，用符号 P 和 A 分别代表起偏镜和检偏镜的偏振轴。把受有平面应力的模型放在两镜片之间，以单色光为光源，光线垂直通过模型。设模型上 O 点的主应力 σ_1 与偏振轴 P 之间的夹角为 ψ（图 4.20）。

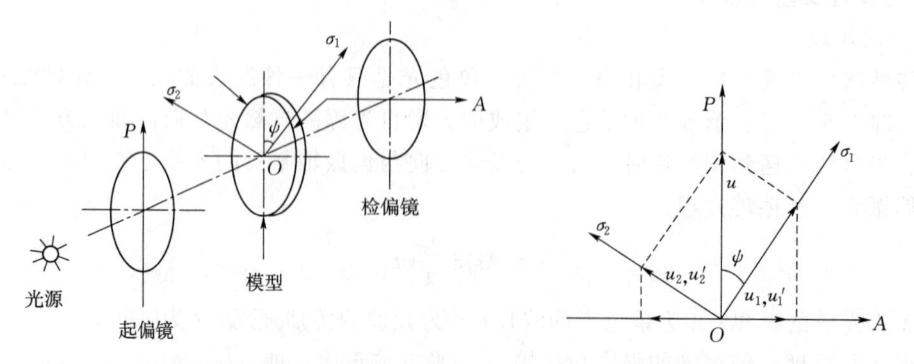

图 4.19　受力模型在正交平面偏振布置中　　图 4.20　偏振轴与应力主轴的相对位置

单色光通过起偏镜 P 成为平面偏振光

$$u=a\sin\omega t \tag{4.47}$$

到达模型上 O 点时，由于模型的暂时双折射现象，沿主应力方向分解成两束平面偏

振光

$$u_1 = a\sin\omega t\cos\psi,\ u_2 = a\sin\omega t\cos\psi \tag{4.48}$$

这两束平面偏振光，在模型中的传播速度不同。设通过模型后，产生相对光程差 Δ，或相位差 $\delta=\frac{2\pi}{\lambda}\Delta$，则通过模型后两束光为

$$u_1' = a\sin(\omega t+\delta)\cos\psi \qquad u_2' = a\sin\omega t\sin\psi \tag{4.49}$$

通过检偏镜 A 后的合成光波为

$$u_3 = u_1'\sin\psi - u_2'\cos\psi \tag{4.50}$$

将式（4.49）代入，化简得

$$u_3 = a\sin2\psi\sin\frac{\delta}{2}\cdot\cos\left(\omega t+\frac{\delta}{2}\right) \tag{4.51}$$

根据式（4.45）：

$$I = K\ (a\sin2\psi\sin\frac{\delta}{2})^2 \tag{4.52}$$

由于 $\delta=\frac{2\pi\Delta}{\lambda}$，故用光程差表示时可得

$$I = K\ \left(a\sin2\psi\sin\frac{\pi\Delta}{\lambda}\right)^2 \tag{4.53}$$

式（4.53）说明，光的强度 I 与光程差有关，还与主应力方向和起偏镜光轴之间的夹角 ψ 有关。

当光的强度 $I=0$，即从检偏镜后面看到模型上的该点是黑暗的情况：

（1）$a=0$，无光矢量，没有实际意义。

（2）$\sin2\psi=0$，即 $\psi=0$ 或 $\psi=\frac{\pi}{2}$。这表示该点应力主轴方向与偏振轴方向重合。亦即，凡模型上应力主轴与偏振轴重合的诸点，在检偏镜之后，光均将消失而呈现为黑点，这些点的迹线形成干涉条纹，称为等倾线。所以等倾线是具有相同主应力方向的点的轨迹，或者说等倾线上各点的主应力方向相同，且为偏振轴的方向。

（3）$\sin\frac{\pi\Delta}{\lambda}=0$ 要满足此条件，只能是 $\frac{\pi\Delta}{\lambda}=N\pi$，即 $\Delta=N\lambda$，而 $N=0$，1，2，…这条件表明，只要光程差 Δ 等于单色光波长的整数倍，在检偏镜之后光也消失而成为黑点。在应力模型中，满足光程差等于同一整数倍波长的各点，将连成一条黑色干涉条纹，这些条纹称为等差线。随着 N 取值不同，可以分为 0 级等差线、1 级等差线、2 级等差线……

总之，等倾线给出模型上各点主应力的方向，而等差线可以确定模型上各点主应力的差（$\sigma_1-\sigma_2$）。但对单色光源而言，等倾线和等差线均为暗条纹，难免相互混淆。为此，在起偏镜后面和检偏镜前面分别加入 1/4 波片，得到一个圆偏振光场，最后在屏幕上便只出现等差线而无等倾线。

3. 圆偏振布置中的光弹性效应

在平面偏振布置中，如采用单色光源，则受力模型中同时出现两种性质的黑线，即等倾线和等差线。这两种黑线同时产生，互相影响。为了消除等倾线，得到清晰的等差线图案，以提高实验精度，在光弹性实验中经常采用双正交圆偏振布置（图 4.21），各镜轴及

应力主轴的相对位置如图 4.22 所示。

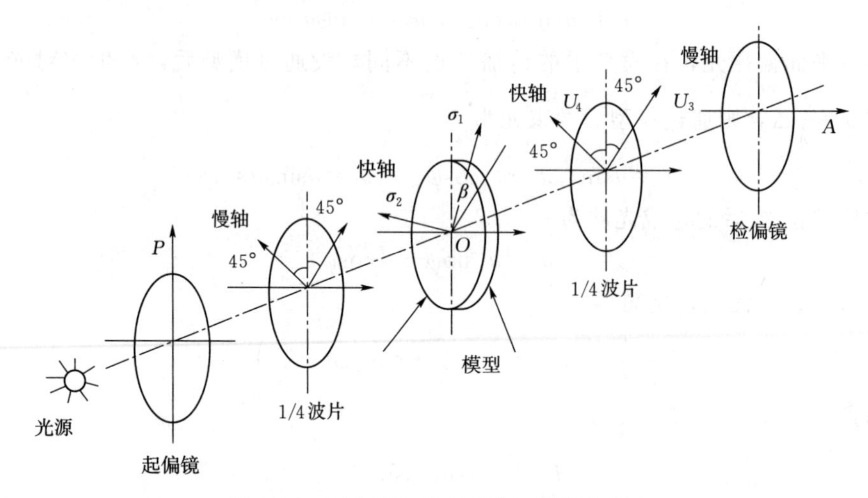

图 4.21　受力模型在双正交圆偏振布置中

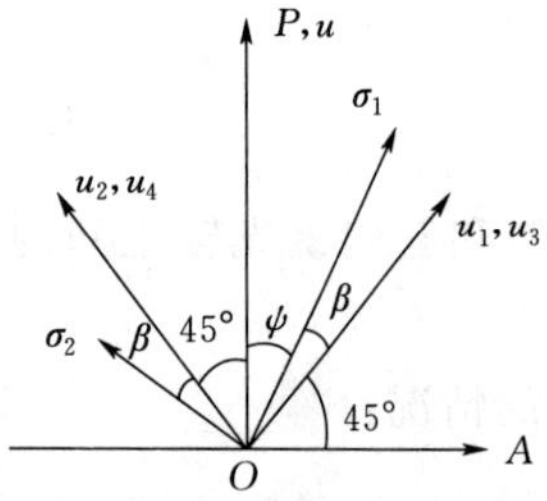

图 4.22　双正交圆偏振布置中各镜轴与应力主轴的相对位置

单色光通过起偏镜后成为平面偏振光：

$$u=a\sin\omega t$$

到达第一块 1/4 波片后，沿 1/4 波片的快慢轴分解为两束平面偏振光：

$$\left.\begin{aligned}u_1&=a\sin\omega t\cdot\cos45^\circ\\u_2&=a\sin\omega t\cdot\sin45^\circ\end{aligned}\right\}$$

通过 1/4 波片后，相对产生相位差 $\delta=\frac{\pi}{2}$，即

$$\left.\begin{aligned}u_1'&=\frac{\sqrt{2}}{2}a\sin\left(\omega t+\frac{\pi}{2}\right)=\frac{\sqrt{2}}{2}a\cos\omega t\\u_2'&=\frac{\sqrt{2}}{2}a\sin\omega t\end{aligned}\right\}$$

其中 u_1' 沿快轴，u_2' 沿慢轴，这两束光合成后即为圆偏振光。设处于此圆偏振布置中的受力模型上 O 点主应力 σ_1 的方向与第一块 1/4 波片的快轴成 β 角。当圆偏振光到过模型上 O 点时，又沿主应力 σ_1、σ_2 的方向分解为两束光波：

$$\left.\begin{aligned}u_{\sigma_1}&=u_1'\cos\beta+u_2'\sin\beta=\frac{\sqrt{2}}{2}a\cos(\omega t-\beta)\\u_{\sigma_2}&=u_2'\cos\beta-u_1'\sin\beta=\frac{\sqrt{2}}{2}a\sin(\omega t-\beta)\end{aligned}\right\}$$

通过模型后，产生一个相位差 δ，得

$$\left.\begin{aligned}u_{\sigma_1}'&=\frac{\sqrt{2}}{2}a\cos(\omega t-\beta+\delta)\\u_{\sigma_2}'&=\frac{\sqrt{2}}{2}a\sin(\omega t-\beta)\end{aligned}\right\}$$

到达第二块 1/4 波片后，光波又沿此波片的快、慢轴分解为

$$\left.\begin{aligned} u_3 &= u'_{\sigma_1}\cos\beta - u'_{\sigma_2}\sin\beta = \frac{\sqrt{2}}{2}a[\cos(\omega t-\beta+\delta)\cos\beta - \sin(\omega t-\beta)\sin\beta] \\ u_4 &= u'_{\sigma_1}\sin\beta + u'_{\sigma_2}\cos\beta = \frac{\sqrt{2}}{2}a[\cos(\omega t-\beta+\delta)\sin\beta + \sin(\omega t-\beta)\cos\beta] \end{aligned}\right\}$$

通过第二块 1/4 波片后，又产生一个相位差$\frac{\pi}{2}$，得

$$\left.\begin{aligned} u'_3 &= \frac{\sqrt{2}}{2}a[\cos(\omega t-\beta+\delta)\cos\beta - \sin(\omega t-\beta)\sin\beta] \\ u'_4 &= \frac{\sqrt{2}}{2}a[\cos(\omega t-\beta)\cos\beta - \sin(\omega t-\beta+\delta)\sin\beta] \end{aligned}\right\} \tag{4.54}$$

其中 u'_3沿慢轴，u'_4沿快轴。最后，通过检偏镜 A 后，得偏振光

$$u_5 = (u'_3 - u'_4)\cos 45^\circ$$

将式（4.54）代入上式，由于 $\beta=45^\circ-\psi$，则有

$$u_5 = a\sin\frac{\delta}{2}\cos\left(\omega t+2\psi+\frac{\delta}{2}\right)$$

此偏振光的光强与其振幅的平方成正比，即

$$I = K\left(a\sin\frac{\delta}{2}\right)^2$$

引入相位差与光程差的关系 $\delta=\frac{2\pi\Delta}{\lambda}$，得

$$I = k\left(a\sin\frac{\pi\Delta}{\lambda}\right)^2$$

此式表明，光强仅与光程差有关，为使光强 $I=0$，只要 $\sin\frac{\pi\Delta}{\lambda}=0$，故得

$$\frac{\pi\Delta}{\lambda} = N\pi, \text{即 } \Delta = N\lambda \quad (N=0,1,2,\cdots) \tag{4.55}$$

式（4.55）说明，只要在模型中产生的光程差 Δ 为单色光波长的整数倍时，消光成为黑点，这就是等差线的形成条件。可见，加入了两块 1/4 波片后，在圆偏振布置中，能消除等倾线而只呈现等差线图案。

如将检偏镜偏振轴 A 旋转 90°，使之与起偏镜偏振轴 P 平行，即得平行圆偏振布置（亮场）。用同样的方法推导，可得到在检偏镜后的光强表达式为

$$I = K\left(A\cos\frac{\pi\Delta}{\lambda}\right)^2$$

令光强 $I=0$，得 $\cos\frac{\pi\Delta}{\lambda}=0$，从而有

$$\frac{\pi\Delta}{\lambda} = \frac{m}{2}\pi, \text{即 } \Delta = \frac{m}{2}\lambda \quad (m=0,1,2,\cdots) \tag{4.56}$$

比较式（4.55）和式（4.56）可以看出，在双正交圆偏振布置中，发生消光的条件为光程差 Δ 是波长的整数倍，故产生的黑色等差线为整数级，即分别为 0 级、1 级、2 级、……而平行圆偏振布置发生消光的条件为光程差 Δ 是半波长的奇数倍，故产生的黑色等差线为半数级，即分别为 0.5 级、1.5 级、2.5 级、……

4. 实验方法及步骤

（1）认识光弹性仪各个部件及其功能。

（2）调整整个光场为平行光场。

（3）调整仪器使屏幕上成像清晰。

（4）旋转偏振镜（或 1/4 波片）观察暗场和明场。

（5）安装试样、加载，观察等差线（等色线）。特别注意观察试样中应力分布的全貌，如应力集中区域。

（6）去掉 1/4 波片观察等倾线。

4.8　等差线和等倾线的认识实验

4.8.1　实验目的

（1）加深认识应力模型在正交、平行平面和圆偏振场中的双折射效应及其力学意义。

（2）观察在白光和单色光（钠光）下等差线的特点及了解等差线的确定方法。

（3）观测在白光在等倾线的特点及了解描绘等倾线图案的方法。

4.8.2　实验设备

（1）PJ20 型光弹仪。

（2）FM3 大视场偏光弹仪。

（3）241 型偏光弹仪。

（4）409 -Ⅱ型偏光弹仪。

4.8.3　模型及加载方式

（1）对径压力 P 作用。

（2）集中载荷作用的简支梁。

（3）对径压力 P 作用下的圆盘。

4.8.4　实验原理和方法

1. 在 409 -Ⅱ型偏光弹仪上观察各种偏振场下等差线和等倾线图

（1）开启白光光源（同时开启钠光灯预热，以备使用），将仪器调节成正交平面偏振场。

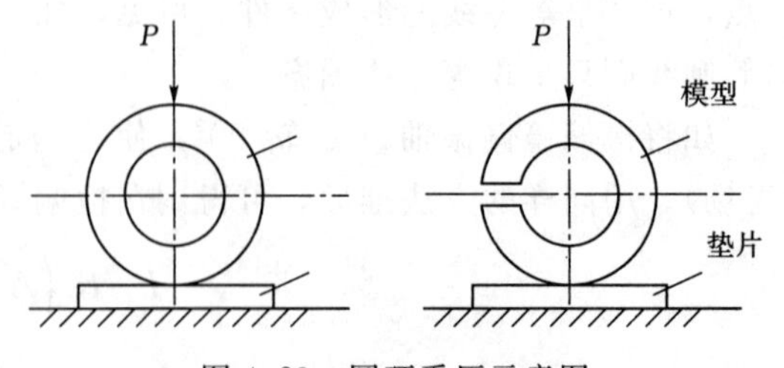

图 4.23　圆环受压示意图

（2）将圆盘模型放在杠杆和压座之间，使之承受径向压力，加载直至模型中心线处等差线达到 4 级左右，这时圆盘模型的等倾线应为一黑色十字线，若不出现黑色十字线或者十字位置不正，则说明偏振场可能有问题或模型摆得不正，应仔细检查，调整直至出现黑色十字为止。观察等差线及等倾线图案，分析其产生条件。

（3）调节成正交圆偏振场，消除等倾线。在白光光源下，观察等差线图案，并分析其等差线的特点和特定条纹级数，再单独旋转检偏轴调节成平行圆偏振场，观察等差线变化情况。

（4）换上单色光源，观察在单色光下等差线的特点，并确定其条纹级数，待讨论后，各自绘出整数级等差线草图并注明条纹级数，记下载荷数量（可适当改变载荷大小，使每个所描绘的等差线草图的级数有所区别）。

（5）再换上白光光源，使成为正交平面偏振场，然后保持偏振轴正交，按0°、10°、25°、45°、75°等度数，逆时针方向同步旋转偏振场轴，同时仔细观察分析等倾线的变化情况及特点（特别是注意结合载荷集中点及自由边界上等倾线的特点），待讨论分析后，各自绘出上述度数的等倾线草图，并标明度数。

（6）换上简支梁模型，使中间承受集中载荷，在适当载荷下，重复（3）～（5）步骤，但等倾线图案草图可以不绘出，而只要求绘出等差线草图。

（7）对上述简支梁，用钉压法确定其上、下边的应力符号。

（8）换上圆环或者开口圆环模型，承受径向压力后，在适当的载荷下，重复（3）～（5）步骤，但不要求绘制等差线和等倾线草图。仔细观察其等差线和等倾线的特点，并找出各个各向同性点的位置，确定其各条等差线的级数。再次用钉压法确定其自由边界上的应力符号。

（9）清理仪器、模型及有关工具，将实验纪录交指导老师审查。

2. 了解其他类型偏光弹仪的结构特点及使用方法

（1）由指导老师介绍FM3型、409－Ⅱ型及PJ20型偏光弹仪的结构特点及使用方法。

（2）观察若干模型的等差线和等倾线图案及其变化规律。

4.9 条纹级数的确定实验

4.9.1 实验目的

（1）对纯压缩模型采用分级加载法测定材料条纹值，同时验证应力-光学定律。

（2）对集中载荷作用的简支梁采用分级加载法测定材料条纹值，同时验证应力-光学定律。

4.9.2 实验设备

偏光弹性仪。

4.9.3 实验模型及加载方式

（1）纯压缩模型及加载方式（图4.24）。

（2）圆盘模型及加载方式（图4.25）。

4.9.4 实验步骤

1. 纯压缩模型测试

（1）将偏光弹性仪调整为正交圆偏振场，调节载荷架杠杆一端的平衡重使之平衡。

（2）将模型放置在压座上，调节夹头上下位置，使杠杆恰好与试件接触时处于水平状态，记下载荷的杠杆比。

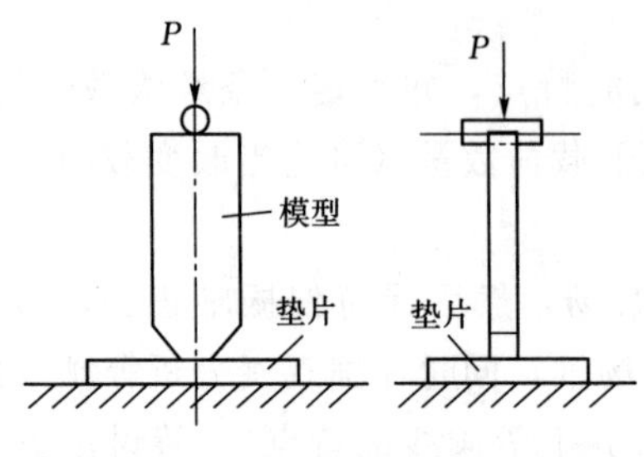

图 4.24　纯压缩模型及加载方式

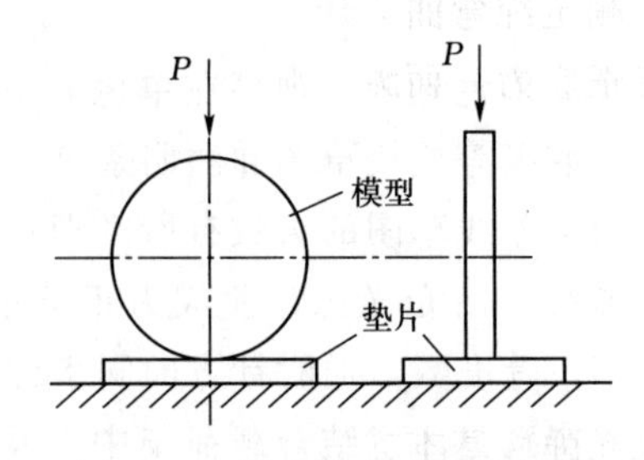

图 4.25　圆盘模型及加载方式

(3) 开启光源，观察载荷为 0 时，模型是否有初应力和时间边缘效应存在，若没有，则模型应该是均匀黑暗的。加上初载荷观察等差线图案是否均匀，若不均匀对称，则应调整模型底部位置或修理模型，直至均匀对称。

(4) 逐渐增加载荷，观察中间截面附近区域等差线颜色的变化情况，其变化顺序为黄、红、蓝、绿 4 种颜色不断循环出现，且随着条纹级数增加而颜色逐渐变淡。反复观察，待掌握其变化规律后，卸去载荷（保留初载荷），然后按照逐级加载的方式加载，即在模型中间截面附近区域第一次出现绿色时（$m=1$），记下相应载荷，待第二次出现绿色时（$m=2$），再记下相应载荷，直至 $m=4$ 为止，然后卸载。

(5) 换成钠光光源，重复（4）步骤，但注意到条纹图案不再是彩色的，而是明暗相间变化，其变化次序为“暗（$m=0$）→明→暗（$m=1$）→明”不断的交替出现，每暗一次条纹级数增加一级。

2. 圆盘模型测试

调节夹头上下位置，装入圆盘模型，使之承受径向压力。分别在白光和钠光下，逐渐加载直至圆盘中心恰好出现 4 级或 5 级等差线级数为止，记下相应载荷。同时绘制出等差线草图并标明圆盘中心处的等色线级数。

3. 数据处理

(1) 对径受压圆盘的条纹值。对于图 4.24 所示的对径受压圆盘，由弹性力学知识可知，圆心处的主应力为

$$\sigma_1=\frac{2P}{\pi Dt}$$

$$\sigma_2=-\frac{6P}{\pi Dt}$$

代入光弹性基本方程可得

$$f_\sigma=\frac{t(\sigma_1-\sigma_2)}{n}=\frac{8P}{\pi Dn}$$

对应于一定的外载荷 F，只要测出圆心处的等差条纹级数 n，即可求出模型材料的条纹值 f_σ。实验时，为了较准确地测出条纹值，可适当调整载荷大小，使圆心处的条纹正好是整数级。

当采用分级加载法时

$$f_\sigma=\frac{8}{\pi D}\cdot\frac{\Delta P}{\Delta n}$$

(2) 测定纯弯曲梁横截面上的条纹值。对于图 4.25 所示的梁，在其纯弯曲段，横截面上只有正应力，而无切应力，且

$$\sigma_1=\frac{M_y}{I_z}=\frac{\frac{1}{2}Pay}{\frac{bh^3}{12}}=\frac{6Pa}{bh^3}y$$

$$\sigma_2=0$$

代入光弹性基本方程得

$$\sigma_1=\frac{6Pa}{bh^3}y=\frac{nf_\sigma}{b}$$

故 $f_\sigma=\frac{6P_iay}{n_ih^3}$，当采用分级加载法时

$$f_\sigma=\frac{6P_ia}{h^3}\cdot\frac{\Delta P}{\Delta n}$$

4.10 拉伸板孔边应力集中系数的测定实验

4.10.1 实验目的

(1) 练习等色线及等倾线的提取方法。

(2) 绘制孔周边应力分布图。

(3) 练习提取主应力轨迹图。

(4) 确定孔周边应力集中系数。

4.10.2 实验设备

偏光弹性仪。

4.10.3 实验原理

1. 实验模型及加载方式

拉伸板实验模型及加载方式如图 4.26 所示。

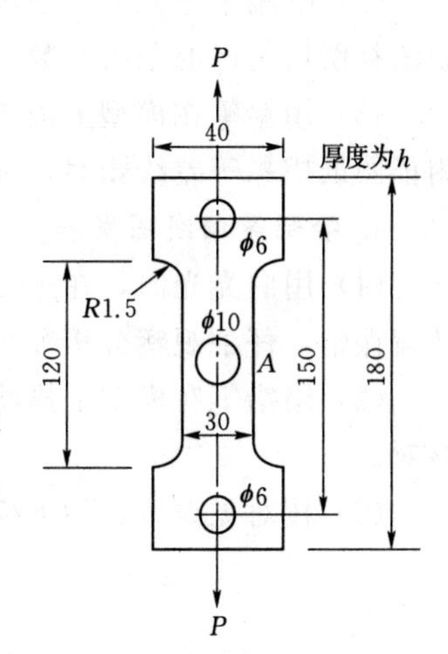

图 4.26 拉伸板实验模型及加载方式

2. 数据处理

图 4.26 所示为带有中心圆孔薄板受拉时的情况，孔的存在使得孔边产生应力集中现象。孔边 A 点的理论应力集中因数为

$$K_t=\frac{\sigma_{max}}{\sigma_m}$$

式中：σ_m 为 A 所在横截面的平均应力，即 $\sigma_m=\frac{F}{at}$；σ_{max} 为 A 点的最大应力；a 为 A 点所在处板的宽度；t 为 A 点所在处板的厚度。因 A 点为单向应力状态，$\sigma_1=\sigma_{max}$，$\sigma_2=0$，代入光弹性基本方程得

$$\sigma_{max}=\frac{nf_\sigma}{t}$$

可得

$$K_t = \frac{n f_\sigma a}{F}$$

实验时，调整载荷大小，使得通过 A 点的等差线恰好为整数级 n。

4.10.4 实验步骤

1. 模型加工

(1) 按照图示尺寸加工模型，其中 $\phi10$ 孔可先钻出 $\phi5$ 小孔，再逐步扩至 $\phi7$、$\phi9$、$\phi9.5$ 最后到 $\phi10$。将模型的一面用细砂纸打毛。

(2) 测量模型的尺寸并做记录。

2. 安装模型及调整仪器

(1) 将偏光弹性仪调整为正交圆偏振动，安装拉伸夹头，同时调节杠杆，使其达到平衡。

(2) 将模型用销钉挂在拉伸夹头之间，加上初始载荷（约 20N），开启白光光源（同时开启钠光灯预热），观察等差线图案是否对称，若不对称，适当调节夹头高度或重新修理模型，直至图案对称为止。

3. 测定等差线级数及描绘等差线图案

(1) 用白光光源，逐步加载，仔细观察均匀区和孔边应力集中区的等差线级数及整个等差线图案的变化规律，特别注意观察孔周上各向同性点的位置及孔上下两个隐没点的变化情况，直至孔边最大应力集中区出现 4 级条纹，等基本弄清图案及级数变化规律后，卸除载荷（保留初始载荷）。

(2) 改用单色光源，逐步加载，直至最大应力集中点出现 4 级条纹为止，用旋转分析镜法补偿均匀区的条纹级数，记录条纹级数载荷值。

(3) 用铅笔在模型上描绘整个等差线图案，并标明级数，然后卸除载荷，取下模型。用描图纸描摹等差线图案，标明级数，注意载荷量。最后从模型上擦掉图案。

4. 绘制等倾线图案

(1) 用白光光源，在正交平面偏振场下，施加适当的载荷，然后按逆时针方向同步旋转偏振轴，仔细观察分析等倾线的特征及其变化规律。

(2) 用铅笔在模型上描绘出 0°、15°、30°、45°、60°及 75°等倾线，标明度数，并反复核对。

(3) 核对无误后，卸下模型，用描图纸描摹出整个等倾线图案。

第5章　设计制作实验

5.1　实验的内容及要求

5.1.1　实验目的

为加强素质教育，培养学生的实际动手能力和创新能力，要求学生在学习材料力学课程后，自行设计和研制一个结构受力体系，并进行加载比赛，以提高学生学习的积极性，发挥学生的创造力和想象力，加深对力学基础课程的理解，加强对实验能力的培养，以达到学以致用的目的。在整个课程的实施过程中，还要求同学们集思广益，发扬集体智慧和团结协作的团队精神。

5.1.2　实验要求

（1）用统一的材料设计和制作一个桁架结构。规定长度为 $l=500\text{mm}$（跨度为480mm），高度 $h\leqslant 170\text{mm}$，宽度 $b\leqslant 100\text{mm}$。

（2）制作要求如下：

1）该结构所用的材料较少而受荷载较大。将结构称重后，在万能实验机上加载于桁架下弦的跨中，直到结构破坏。记录结构的重量和最大承载力。造型美观。

2）以小组为单位，3～4人为一组，自由组合，共同协作，完成任务。

（3）填写实验报告，实验报告内容如下：

1）设计构思与计算简图。

2）理论计算与结果。要求算出结构能承受的最大荷载，预测结构破坏的位置。

3）制作过程介绍。

4）实验数据与理论计算结果的比较。

5）加载破坏现象分析。

（4）成绩评定分优、良、中、及格、不及格5级，评定依据如下：

1）结构的最大承载力与所耗材料重量之比（比强），以大为佳，其占50%。为避免结构形式的雷同，将结构分类进行试验。

2）试验结果与理论计算结果的接近程度占10%。

3）造型美观占20%。

4）实验报告完成情况占20%。

5.1.3　实验器材

（1）矩形截面木条。

（2）木片。

（3）胶水。

（4）刀片。

（5）锯条。

5.1.4 实验内容

（1）第1天：动员，分发材料与工具，参观加载比赛用的设备。

（2）第2～4天：小组讨论、构思、设计与计算。

（3）第5～8天：制作阶段。

（4）第9天：加载比赛。

（5）第10天：完成并提交实验报告。

5.2 实验试件相关数据

5.2.1 木材实验数据

压缩失稳时的临界应力见表5.1。

表5.1 木材失稳时的临界应力

λ	30	40	50	60	70	80
σ_{cr}/MPa	17.75	15.9	12.85	9.25	7.0	4.95

顺纹拉伸强度：60MPa。

顺纹剪切强度：7MPa。

横纹拉伸强度：1.6MPa。

5.2.2 胶缝强度（502快干胶）

拉伸强度：12.6MPa。

剪切强度：2MPa。

5.2.3 可能破坏的位置

（1）节点破坏：上下弦杆的中节点脱胶，木片横纹拉伸破坏。

（2）支座处受剪破坏。

（3）杆压缩失稳破坏。

5.3 常见桁架计算

5.3.1 三角形桁架计算

已知三角形桁架跨度480mm，高度170mm，如图5.1所示。由于结构对称，只需计算结构的一半。

1. 内力分析

桁架在下弦节点处作用有荷载P，支座A、B处反力各为$P/2$。由$\tan\alpha = 170/240$，得$\alpha = 35.31°$。

桁架的各个节点可以看作铰接，因此各杆只受轴向力作用。取节点 A 为分离体（未画图），由平衡条件得

$$N_{AE}\sin\alpha = P/2,\ N_{AE} = 0.865P\text{（压力）} \tag{5.1}$$

$$N_{AF} = N_{AE}\cos\alpha = 0.865P\times 0.816 = 0.706P\text{（拉力）} \tag{5.2}$$

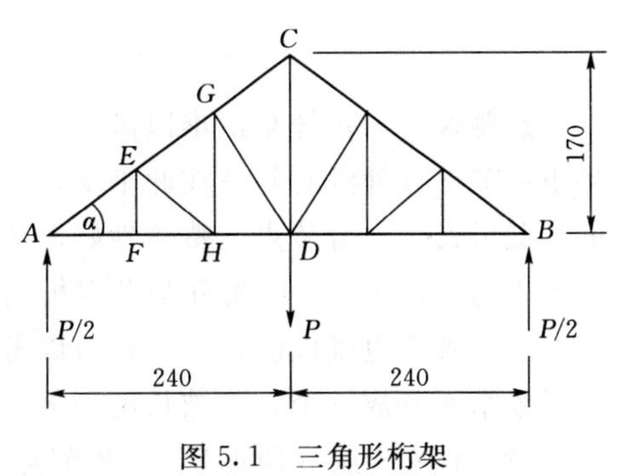

图 5.1　三角形桁架

可判断 EF，EH，GH，GD 均为零杆，且有上弦杆 AE、EG、GC 的轴向力都为 0.865P（压力），下弦杆 AF、FH、HD 的轴向力都为 0.706P（拉力）。易求得吊杆 CD 的内力

$$N_{CD} = 2\times NCG\sin\alpha = P\text{(拉力)} \tag{5.3}$$

2. 压杆稳定计算，极限荷载

上弦杆用 8mm×8mm 木条制作，并考虑节点 E、G 将杆 AC 分为三等份，故有

$$\overline{AE}=\overline{EG}=\overline{GC}=\frac{1}{3}\sqrt{240^2+170^2}=98.04\text{mm}$$

采用 8mm×8mm 上弦杆，惯性半径 $i=\frac{8}{\sqrt{12}}=2.31\text{mm}$；两端视作铰支，长细比 $\lambda=\frac{98.04}{2.31}=42.45$。根据参考资料，临界应力为

$$\sigma_{cr}=15.9+\frac{12.85-15.9}{10}\times 2.45=15.15\text{MPa}$$

上式的计算用了内插法。于是上弦杆的临界压力为

$$P_{cr} = \sigma_{cr}A = 15.15\times 8\times 8 = 969.8\text{N} \tag{5.4}$$

考虑到有两片桁架，利用公式（5.1），由上弦杆的稳定条件得桁架的极限荷载为

$$2P=\frac{2\times 969.8}{0.865}=2242.3\text{N} \tag{5.5}$$

并得单根下弦杆的极限内力（拉力）为

$$N = P_{cr}\cos\alpha = 969.8\times 0.816 = 791.4\text{N} \tag{5.6}$$

3. 节点的强度计算

(1) 下弦节点。当荷载通过两根钢筋直接作用在下弦杆上时［图 5.2 (a)］，节点板可能因受拉而破坏［图 5.2 (b)］。节点板木片厚 $t=2$mm。若木片的木纹水平放置，横纹拉伸强度为 1.6MPa，所需板宽为

$$b=\frac{P}{t\sigma}=\frac{1121.15}{2\times 1.6}=350.3\text{mm}$$

这条件不可能满足。若木纹垂直放置，顺纹拉伸强度为 60MPa，所需板宽为

$$b=\frac{P}{t\sigma}=\frac{1121.15}{2\times 60}=9.3\text{mm}$$

此条件一般都可满足。但还须满足胶缝强度。由参考资料知胶缝剪切强度为 2MPa，考虑到下弦杆截面边长 $a=8$mm，故所需胶缝长度（即节点板宽度）：

$$b=\frac{P}{a\tau}=\frac{1121.15}{8\times 2}=70.1\text{mm} \quad (5.7)$$

这要求对下弦杆来说难以满足。因此这种加载方式是很不利的，应予避免。当然，如果下弦节点板处没有斜杆在此汇交，这样的节点更是薄弱的。因此建议采用［图 5.2（c）］的加载形式，这时节点的整体性好，荷载也不是直接作用在下弦杆上。但因为中间吊杆的拉力也为 P，因此中间吊杆与节点板的胶结长度也应为式（5.7）所示的 70.1mm。这要求对节点板来说也难以满足，于是可以考虑在中间吊杆与斜杆之间填充木楔［图 5.2（c）］，这样胶结面分成三个，胶结长度变为 $l=70.1/3=23.3\text{mm}$，此条件容易满足。

（2）上弦节点（顶部）。上弦节点受力如图 5.3 所示。如果节点板木纹在垂直方向，木片强度是足够的，这和下弦节点的分析方法一样，但胶缝强度需要计算。胶缝剪切强度为 2MPa，拉伸强度为 12.6MPa。设吊杆用 8mm×8mm 木条制作，所需的胶缝长度 l 可由下式计算：

$$l\times 8\times 2+8\times 8\times 12.6=P=1121.15,\ l=19.7\text{mm}$$

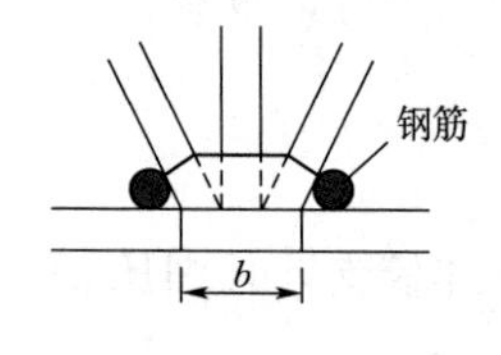

(a) 荷载作用在下拉杆上

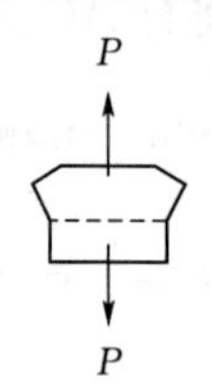

(b) 节点板破坏图

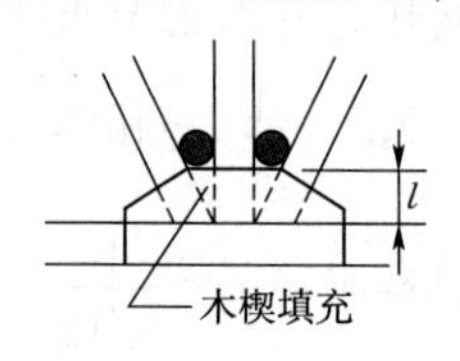

(c) 吊杆与斜杆之间充满木楔

图 5.2　吊杆与斜杆之间填充方式

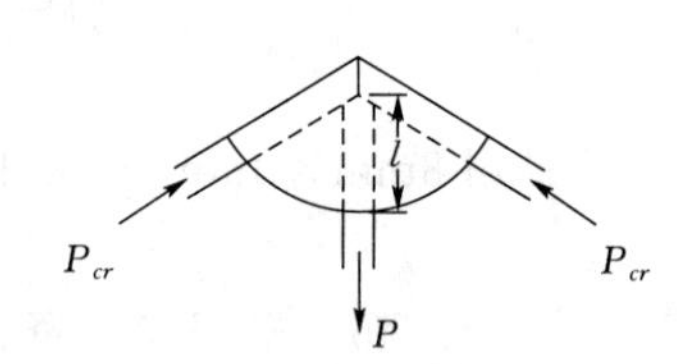

图 5.3　上弦节点受力图

为了美观，上弦节点板常做成扇形，由图 5.3 可以看出上弦杆胶缝面积为吊杆的 2 倍左右。因此，如果吊杆胶缝强度能满足要求，上弦杆的胶缝强度也能满足要求。

（3）支座节点。如果木片的木纹在垂直方向，节点板所受的剪切为横纹剪切。横纹剪切强度很高，不会有问题。下弦杆所需的胶缝长度为

$$\left(\frac{a}{\sin\alpha}+l\right)a\tau=N$$

代入数字：

$$\left(\frac{8}{\sin\alpha}+l\right)\times 8\times 2=791.4\text{，解得 } l=35.6\text{mm}$$

上弦杆所需的胶缝长度按下式计算：

$$\left(\frac{a}{\tan\alpha}+l_1\right)\tau a=P_{cr}$$

代入数字：

$$\left(\frac{8}{\tan\alpha}+l_1\right)\times 8\times 2=969.8\text{，解得 } l_1=49.3\text{mm}$$

胶缝较长，不便制作。要想缩短胶缝，可以填充木楔。木楔与上弦杆的胶合长度和木片与上弦杆胶合长度的总和应不小于 l_1（图 5.4）。

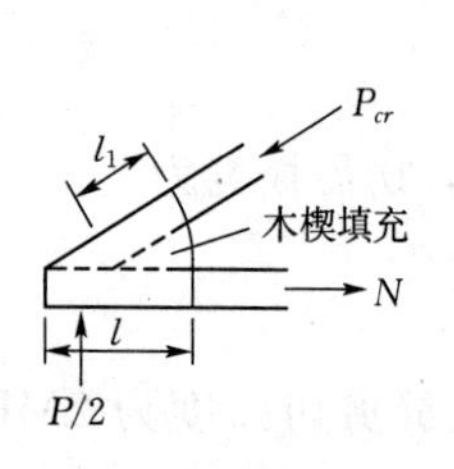

图 5.4　下弦杆节点受力图

4. 其他问题

中间的零杆可用较细的材料制作，如用 6mm×6mm 的木条，

D、E、G、F 等处节点板可按构造要求制作。它们的作用是减小上弦杆的有效长度，从而得到较大的临界荷载值。

上弦杆加载过程中可能会发生平面外方向的整体失稳。这种情况一旦发生，桁架的承载能力将是很低的。因此两桁架片间在节点位置要用缀板条（6mm×6mm 的木条）连接，而且要加剪刀撑防止两上弦杆向同一平面外方向失稳。

5.3.2 梯形桁架计算

对于跨度为 480mm 的梯形结构的桁架，高度不可太大。170mm 高度的梯形桁架显得臃肿。本案选取高度为 110mm，如图 5.5 所示。

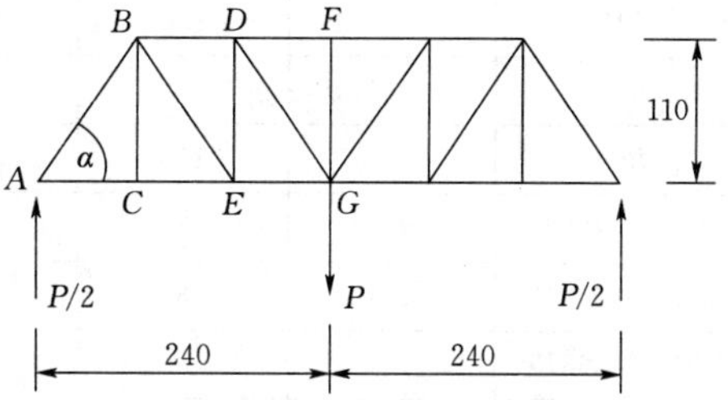

图 5.5 梯形桁架

桁架有前后两片，由于结构对称，只需计算结构的一半。

1. 内力分析

桁架在下弦节点处作用有荷载 P，支座 A、B 处反力各为 $P/2$。由 $\tan\alpha = 110/80$，得 $\alpha = 54°$。

桁架的各个节点可以看作铰接，因此各杆只受轴向力作用。用节点法分析桁架。取节点 A 为分离体［图 5.6（a）］，由平衡方程或矢量三角形法可得

$$N_{AB} = \frac{P}{2\sin\alpha} = 0.618P(\text{压力}),\ N_{AC} = N_{AB}\cos\alpha = 0.363P(\text{拉力})$$

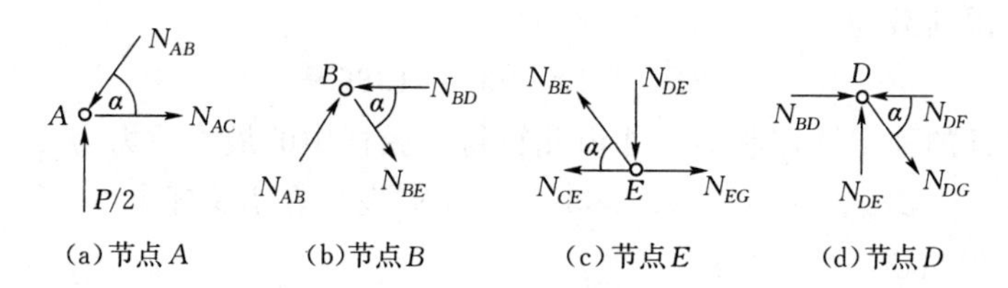

图 5.6 各个节点受力图

可判断 BC 与 FG 为零杆。再取节点 B 为分离体［图 5.6（b）］，由平衡方程或矢量三角形法可得

$$N_{BE} = N_{AB} = 0.618P\ (\text{拉力})$$

$$N_{BD} = 2N_{AB}\cos\alpha = 2\times 0.618P\times\cos 54° = 0.726P\ (\text{压力})$$

取节点 E 为分离体［图 5.6（c）］，由平衡方程得

$$N_{DE} = N_{BE}\sin\alpha = 0.618P\times\sin 54° = 0.5P\ (\text{压力})$$

$$N_{EG} = N_{BE}\cos\alpha + N_{CE} = 0.618P\times\cos 54° + 0.363P = 0.726P\ (\text{拉力})$$

取节点 D 为分离体［图 5.6（d）］，由平衡方程得

$$N_{DG} = \frac{N_{DE}}{\sin\alpha} = \frac{0.5P}{\sin 54°} = 0.618P\ (\text{拉力})$$

$$N_{DF} = N_{BD} + N_{DG}\cos\alpha = 0.726P + 0.618P\times\cos 54° = 1.089P\ (\text{压力})$$

2. 压杆稳定计算，极限荷载

已求得了所有杆的内力。所有的杆都用 8mm×8mm 木条制作。现在把各杆的内力 N、长度 L、杆截面的边长 a、长细比 λ、临界应力 σ_{cr} 与临界压力 P_{cr} 列在表 5.2 中。在计算长

细比时，杆两端视作铰支，截面的惯性半径 $i=\dfrac{8}{\sqrt{12}}=2.31\text{mm}$，临界应力根据参考资料计算，临界压力 $P_{cr}=\sigma_{cr}A$，$P_{\max}$ 为每根杆对应的桁架极限荷载。

表 5.2　各杆的相关参数

杆号	N/N	L/mm	a/mm	λ/MPa	σ_{cr}/N	P_{cr}/N	$P_{\max}$/N
AB	$-0.618P$	136	8	58.87	9.66	618.2	1000
AC	$+0.363P$	80	8				
BC	0	110	8				
$BD-0.726P$	80	8	34.63	16.89	1081.0	1489	
$BE+0.618P$	136	8					
$CE+0.363P$	80	8					
$DE-0.500P$	110	8	47.62	13.58	869.1	1738	
$DF-1.089P$	80	8	34.63	16.89		1081.0	993
$DG+0.618P$	136	8					
$EG+0.726P$	80	8					
FG0	110	8					

在表 5.2 中取最小的 $P_{\max}$ 为 993N，是桁架的极限荷载。由于计算的是单片桁架，因此桁架结构的极限荷载为

$$2P=2\times993=1986\text{N}$$

它是由 DF 杆的稳定性控制的。并由此算得下弦杆中的最大拉力为

$$N_{\max}=0.726\times0.993=721\text{N}(\text{发生在 }EG\text{ 杆中})$$

3. 节点的强度计算

(1) 下弦中节点 G。当荷载通过两根钢筋直接作用在下弦杆上时［图 5.7 (a)］，节点板可能因受拉而破坏［图 5.7 (b)］。节点板木片厚 2mm。若木片的木纹水平放置，横纹拉伸强度为 1.6MPa，所需板宽为

$$b=\frac{P}{t\sigma}=\frac{993}{2\times1.6}=310.3\text{mm}$$

这条件不可能满足。若木纹垂直放置，顺纹拉伸强度为 60MPa，所需板宽为

$$b=\frac{P}{t\sigma}=\frac{993}{2\times60}=8.3\text{mm}$$

此条件一般都可满足。但还须满足胶缝强度。由参考资料知胶缝剪切强度为 2MPa，考虑到下弦杆截面边长 $a=8\text{mm}$，故所需胶缝长度（即节点板宽度）：

$$b=\frac{P}{a\tau}=\frac{993}{8\times2}=62\text{mm}$$

这要求对下弦杆来说难以满足。因此这种加载方式是很不利的，应予避免。当然，如果下弦节点板处没有斜杆在此汇交，这样的节点更是薄弱的。因此建议采用图 5.7 (c) 的加载形式，这时节点的整体性好，荷载也不是直接作用在下弦杆上。这时 DG 杆与节点板的胶结长度为

$$l=\frac{N_{DG}}{a\tau}=\frac{0.618\times 993}{8\times 2}=38.35\text{mm}$$

这对节点板来说还是长了点，于是可以考虑在中间吊杆与斜杆之间填充木楔［图 5.7(c)］，这样胶结面分成两个，胶结长度变为 $l=38.35/2=19.2\text{mm}$，此条件容易满足。

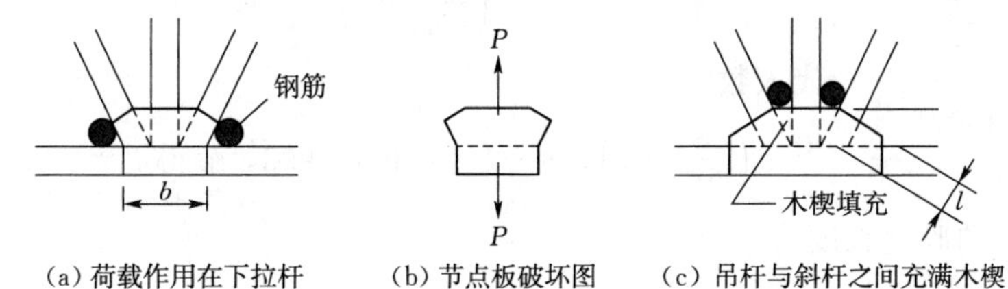

(a) 荷载作用在下拉杆　(b) 节点板破坏图　(c) 吊杆与斜杆之间充满木楔

图 5.7　下弦杆各节点

(2) 节点 C 和 F。由于 BC 和 FG 杆为 0 杆，故 C、F 节点杆的接缝处受力很小，强度不会有问题。节点板可按构造要求或美观要求制作。又由于上弦杆和下弦杆是贯通的整体木条，具有抗弯刚度，BC 和 FG 杆总会在节点板中引起一些垂直方向的拉应力，因此节点板的木纹要沿着垂直方向放置。

(3) 节点 E 和 D。节点 E 的连接情况可如图 5.8 所示。由于 N_{DE} 和 N_{BE} 在垂直方向的分量互相抵消，因此不会在节点板中产生垂直方向的拉应力，只会产生一些不大的局部拉应力，不会造成强度问题。但 DE 和 BE 杆与节点板的连接要有足够的胶缝长度。取胶缝剪切强度为 2MPa，杆的边长为 8mm，可求得 DE 和 BE 杆的胶缝长度分别为

$$l_{DE}=\frac{0.5\times 993}{2\times 8}=31.0\text{mm},\ l_{BE}=\frac{0.618\times 993}{2\times 8}=38.4\text{mm}$$

胶缝较长不易实现，可考虑在 BE 和 DE 杆之间粘入木楔（图 5.8)，可将胶缝长度减少一半。

N_{CE} 和 N_{EG} 会产生水平拉应力，但由于下弦杆在此贯通，它有足够的强度来承担这个拉应力。

节点 D 的形状和受力情况与节点 E 类似，可仿照节点 E 制作。

(4) 上弦节点 B。节点连接如图 5.9 所示。如果节点板木纹沿 BE 杆方向，木片强度是足够的，这和下弦节点的分析方法一样，但胶缝强度需要计算。胶缝剪切强度为 2MPa，BE 杆用 8mm×8mm 木条制作，所需的胶缝长度 l 与分析节点 E 的结果一样，也为 38.4mm。胶缝较长不易实现，可考虑 BE 和 BC 杆之间还有一段斜口胶缝长度，此外 BE 和 BC、BD 杆之间可粘入木楔，这样可将胶缝长度减少一半。

为了美观，上弦节点板常做成扇形，由图 5.9 可以看出上弦杆胶缝面积为吊杆的 2 倍左右。因此，如果吊杆胶缝强度能满足要求，上弦杆的胶缝强度也能满足要求。

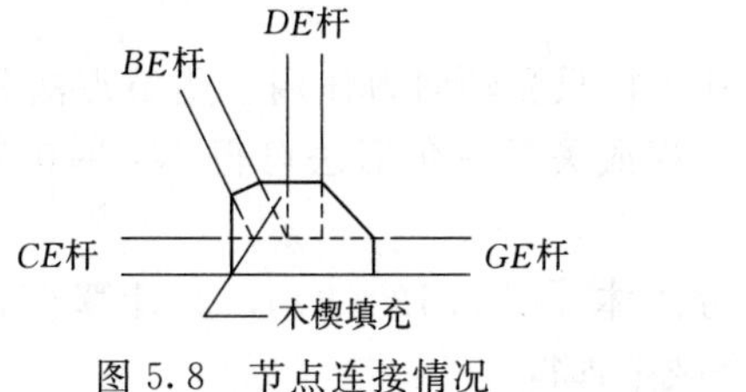

图 5.8　节点连接情况

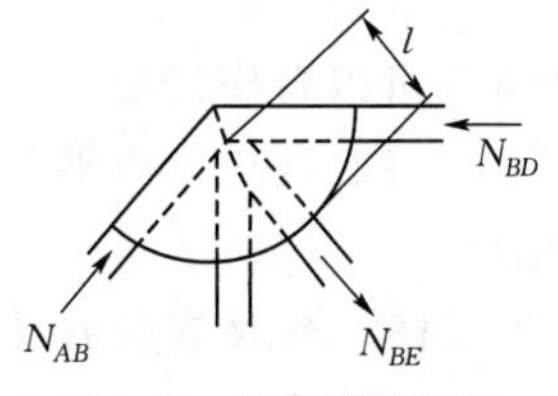

图 5.9　节点连接情况

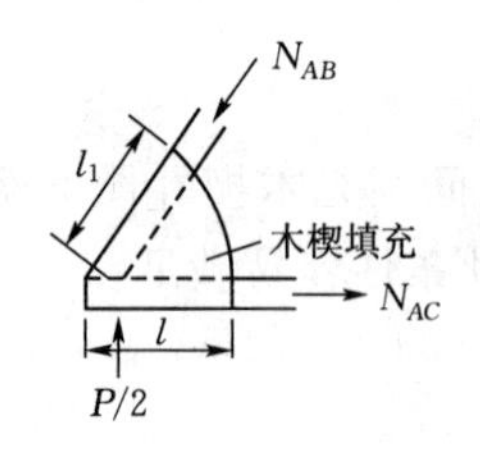

图 5.10 节点连接情况

(5) 支座节点 A。如果木片的木纹在垂直方向，节点板所受的剪切为横纹剪切。横纹剪切强度很高，不会有问题。下弦杆所需的胶缝长度为（图 5.10）

$$\left(\frac{a}{\sin\alpha}+l\right)a\tau=N_{AC}$$

代入数字

$$\left(\frac{8}{\sin\alpha}+l\right)\times8\times2=0.363\times993\text{，解得 } l=12.6\text{mm}$$

上弦杆所需的胶缝长度为

$$\left(\frac{a}{\tan\alpha}+l_1\right)\tau a=N_{AB}$$

代入数字

$$\left(\frac{8}{\tan\alpha}+l_1\right)\times8\times2=0.618\times993\text{，解得 } l_1=32.5\text{mm}$$

胶缝较长，不便制作。要想缩短胶缝，可以填充木楔。这样胶合长度可减少到原来的一半，即 16mm。

4. 其他问题

中间的 BC、BE、DE、DG、FG 杆因受力较小，可用较细的材料制作，如用 6mm×6mm 的木条。

上弦杆加载过程中可能会发生平面外方向的整体失稳。这种情况一旦发生，桁架的承载能力将是很低的。因此两桁架片间在节点位置要用缀板条（6mm×6mm 的木条）连接，而且要加剪刀撑防止两上弦杆向同一平面外方向失稳。

5.3.3 拱形桁架计算

拱形桁架比较美观，但形状也较复杂，这给计算与制作都带来了困难。为了方便制作，上弦杆可用整根木条弯成，但不能弯得太厉害。不过各根上弦杆就会有初始曲率，受压时的稳定性差，临界压力小。为了避免这种情况，可用分段直杆来制作。本案的拱形桁架如图 5.11 所示。

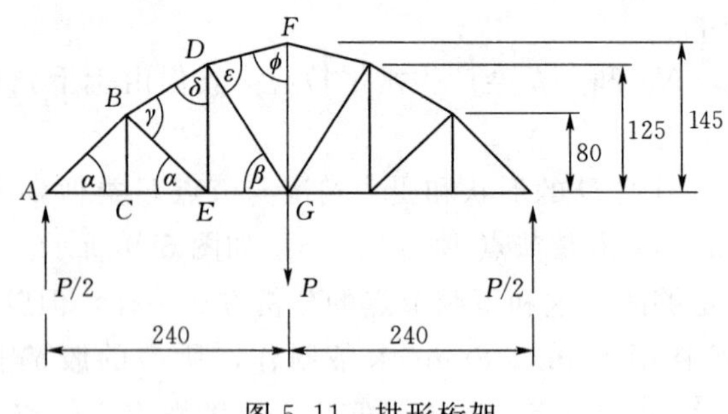

图 5.11 拱形桁架

1. 内力分析

桁架在下弦节点处作用有荷载 P，支座 A、B 处反力各为 $P/2$。由 $\tan\alpha=80/80$，得 $\alpha=45°$。

桁架的各个节点可以看作铰接，因此各杆只受轴向力作用。用节点法分析桁架。取节点 A 为分离体［图 5.12 (a)］，由平衡方程或矢量三角形法可得 $N_{AB}=0.7071P$（压力），$N_{AC}=0.5P$（拉力）。

可判断 BC 为零杆。再取节点 B 为分离体［图 5.12 (b)］，为计算 N_{BD} 和 N_{BE}，先计算 BD 杆的长度。在三角形 BED 中用余弦定理得

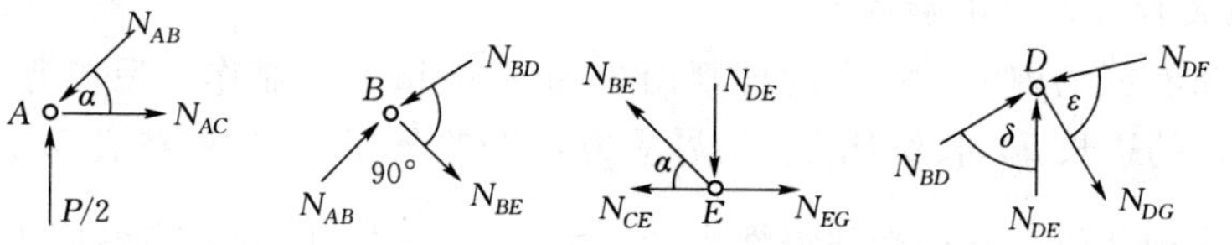

(a)节点A　(b)节点B　(c)节点E　(d)节点D

图 5.12 各个节点受力图

$$\overline{BD}^2=\overline{BE}^2+\overline{DE}^2-2\times\overline{BE}\times\overline{DE}\times\cos45^\circ$$
$$=(\sqrt{2}\times80)^2+125^2-2\times(\sqrt{2}\times80)\times125/\sqrt{2}$$
$$=8425\text{mm}^2\Rightarrow\overline{BD}=91.79\text{mm}$$

再用正弦定理得

$$\sin\gamma=\frac{\sin45^\circ}{\overline{BD}}\overline{DE}=\frac{125}{\sqrt{2}\times91.79}=0.962\Rightarrow\gamma=74.356^\circ$$

进一步可算得

$$\delta=180^\circ-45^\circ-\gamma=60.644^\circ$$

由节点 B 的平衡条件得

$$N_{BD}=\frac{N_{AB}}{\sin\gamma}=\frac{P/\sqrt{2}}{\sin74.356^\circ}=0.7343P\ (\text{压力})$$

$$N_{BE}=N_{BD}\cos\gamma=0.7343\text{P}\times\cos74.356^\circ=0.198P\ (\text{拉力})$$

取节点 E 为分离体［图 5.12 (c)］，由平衡方程得

$$N_{DE}=N_{BE}\sin\alpha=0.198\text{P}\times\sin45^\circ=0.14P(\text{压力})$$

$$N_{EG}=N_{BE}\cos\alpha+N_{CE}=0.14P+0.5P=0.64P\ (\text{拉力})$$

取节点 D 为分离体［图 5.12 (d)］，为求 N_{DG} 和 N_{DF}，先计算：

$$\tan\beta=\frac{125}{80}=1.5625,\ \beta=57.381^\circ$$

$$\overline{DG}=\sqrt{125^2+80^2}=148.4\text{mm}$$

在三角形 DGF 中用余弦定理得

$$\overline{DF}^2=148.4^2+145^2-2\times148.4\times145\times\cos(90^\circ-\beta)=6801.91\Rightarrow\overline{DF}=82.47\text{mm}$$

由正弦定理得

$$\sin\varepsilon=\frac{145}{\overline{DF}}\cos57.381^\circ=0.948\Rightarrow\varepsilon=71.4^\circ$$

节点 D 的平衡方程为

$$N_{BD}\sin\delta+N_{DG}\cos\beta-N_{DF}\cos(\varepsilon-\beta)=0$$

$$N_{BD}\cos\delta+N_{DE}-N_{DG}\sin\beta-N_{DF}\sin(\varepsilon-\beta)=0$$

解得

$$N_{DF}=0.8532P(\text{压力}),\ N_{DG}=0.3483P(\text{拉力})$$

取节点 F 为分离体，由平衡条件得

$$N_{FG}=2\times N_{DF}\cos(90^\circ+\beta-\varepsilon)=2\times0.8532\text{P}\times\cos71.981^\circ=0.4134P\ (\text{拉力})$$

以上杆件长度和杆件的夹角也可在按比例绘出桁架图后量取。

2. 压杆稳定计算，极限荷载

已求得了所有杆的内力。所有的杆都用 8mm×8mm 木条制作。现在把各杆的内力 N、长度 L、杆截面的边长 a、长细比 λ、临界应力 σ_{cr} 与临界压力 P_{cr} 列在表 5.3 中。在计算长细比时，杆两端视作铰支，截面的惯性半径 $i=\dfrac{8}{\sqrt{12}}=2.31\text{mm}$，临界应力根据参考资料计算，临界压力 $P_{cr}=\sigma_{cr}A$，P_{max} 为每根杆对应的极限荷载。

表 5.3　　各杆的相关参数

杆号	N/N	L/mm	a/mm	λ	σ_{cr}/MPa	P_{cr}/N	P_{max}/N
AB	$-0.707P$	113.1	8	48.96	13.15	841.9	1191
AC	$+0.500P$	80.0	8	34.63			
BC	0	80.0	8	34.63			
BD	$-0.734P$	91.8	8	39.74	15.94	1020.7	1390
BE	$+0.198P$	113.1	8	48.96			
CE	$+0.500P$	80.0	8	34.63			
DE	$-0.140P$	125.0	8	54.11	11.37	727.7	5198
DF	$-0.853P$	82.5	8	35.71	16.69	1068.4	1253
DG	$+0.348P$	148.4	8	64.24			
EG	$+0.640P$	80.0	8	34.63			
FG	$+0.413P$	145.0	8	62.77			

在上表中取最小的 $P_{max}=1191\text{N}$，就是桁架的极限荷载。由于计算的是单片桁架，因此桁架结构的极限荷载为

$$2P=2\times1191=2382\text{N}$$

它是由 AB 杆的稳定性控制的。并由此算得下弦杆中的最大拉力为

$$N_{max}=0.64\times1191=762.2\text{N}\ (\text{发生在 } EG \text{ 杆中})$$

3. 节点的强度校核

(1) 下弦中节点 G。当荷载通过两根钢筋直接作用在下弦杆上时［图 5.13 (a)］，节点板可能因受拉而破坏［图 5.13 (b)］。节点板木片厚 2mm。从前面的案例中已经知道木片的木纹应垂直放置，顺纹拉伸强度为 60MPa，所需板宽为

$$b=\frac{P}{t\sigma}=\frac{1191}{2\times60}=9.9\text{mm}$$

此条件一般都可满足。但还须满足胶缝强度。由参考资料知胶缝剪切强度为 2MPa，考虑到下弦杆截面边长 $a=8\text{mm}$，故所需胶缝长度（即节点板宽度）

$$b=\frac{P}{a\tau}=\frac{1191}{8\times2}=74.4\text{mm}$$

这个要求对下弦杆来说难以满足，因此这种加载方式是很不利的，应予避免。当然，如果下弦节点板处没有斜杆在此汇交，这样的节点更是薄弱的。因此建议采用图 5.13 (c) 的加载形式，这时节点的整体性好，荷载也不是直接作用在下弦杆上。这时 FG 杆与节点板的胶结长度为

$$l=\frac{N_{FG}}{a\tau}=\frac{0.413\times1191}{8\times2}=30.74\text{ mm}$$

这对节点板来说还是过长，于是可以考虑在中间吊杆与斜杆之间填充木楔［图5.12(c)］，这样胶结面分成三个，胶结长度变为 $l=30.74/3=10.2\text{mm}$，此条件容易满足。

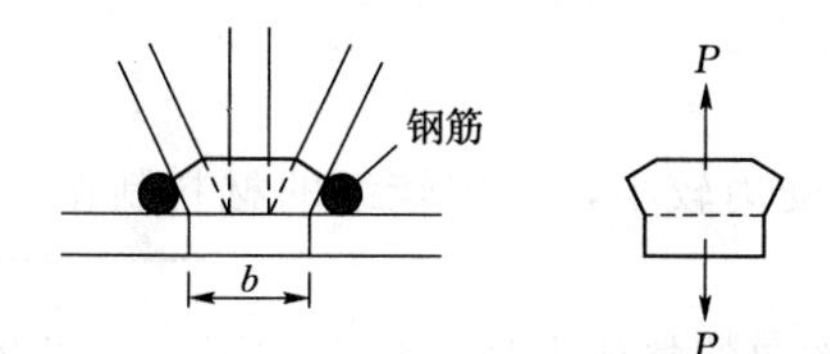

(a) 荷载作用在下拉杆　(b) 节点板破坏图　(c) 吊杆与斜杆之间充满木楔

图5.13　节点连接情况

(2) 上弦节点 F。与计算 G 节点的情况一样，FG 杆与节点板的胶结长度也应为30.74mm，这对节点板来说还是过长，于是可以考虑在中间吊杆与上弦杆之间填充木楔（图5.14），这样胶结面分成三个，胶结长度变为 $l=30.74/3=10.2\text{mm}$，此条件容易满足。此外要注意节点板的木纹要沿着垂直方向放置。

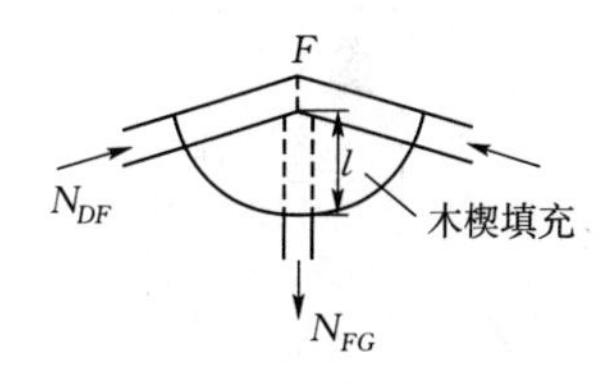

图5.14　节点连接情况

(3) 节点 B、C、D、E。这些节点连接的拉杆内力都不大，其所需胶缝长度的计算可见表5.4。

表5.4　各杆的相关参数

杆　件	连接节点	内力 N/N	胶缝长度 l/mm
DG	D、G	+414.5	25.9
DE	D、E	−166.7	
BE	B、E	+235.8	14.7
BC	B、C	0	

受压杆与0杆的胶缝长度没有要求，故不计算。由表5.4可以看出，DG 杆与节点板 D 连接的胶缝长度稍长，可考虑在节点板中粘入木楔。其他都可满足要求。

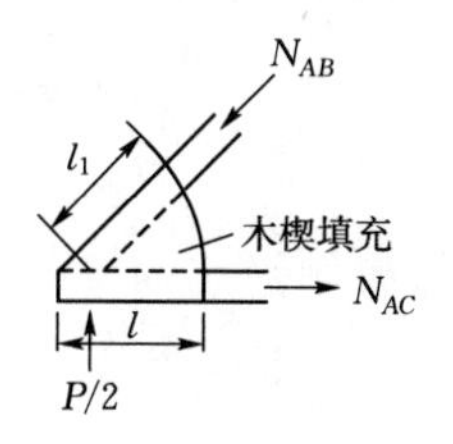

图5.15　节点连接情况

(4) 支座节点 A。如果木片的木纹在垂直方向，节点板所受的剪切为横纹剪切。横纹剪切强度很高，不会有问题。下弦杆所需的胶缝长度为（图5.15）

$$\left(\frac{a}{\sin\alpha}+l\right)a\tau=N_{AC}$$

代入数字

$$\left(\frac{8}{\sin45^\circ}+l\right)\times8\times2=0.5\times1191\text{，解得 }l=31.6\text{mm}$$

上弦杆所需的胶缝长度为

$$\left(\frac{a}{\tan\alpha}+l_1\right)\tau a=N_{AB}$$

代入数字

$$\left(\frac{8}{\tan 45^\circ}+l_1\right)\times 8\times 2=0.7071\times 1191\text{，解得 } l_1=44.6\text{mm}$$

胶缝较长，不便制作。要想缩短胶缝，可以填充木楔，这样胶合长度可减少到原来的一半，即 22.3mm。

4. 其他问题

中间的 *BC*、*BE*、*DE*、*DG*、*FG* 杆因受力较小，可用较细的材料制作，如用 6mm×6mm 的木条。

上弦杆加载过程中可能会发生平面外方向的整体失稳。这种情况一旦发生，桁架的承载能力将是很低的。因此两桁架片间在节点位置要用缀板条（6mm×6mm 的木条）连接，而且要加剪刀撑防止两上弦杆向同一平面外方向失稳。

第6章 实 验 报 告

6.1 低碳钢和铸铁的拉伸、压缩实验报告

一、实验目的

二、实验仪器

三、实验原理及实验步骤

四、数据记录

（1）拉伸实验原始数据记录。

测量次数 \ 测量值 \ 试件	低碳钢		铸铁	
	直径/mm	长度/mm	直径/mm	长度/mm
第一次				
第二次				
第三次				
平均值				

（2）测定低碳钢弹性模量的数据记录与计算。

载荷		变形	
读数 F	增量 ΔF	变形读数 n	变形增量 Δn
增量均值 $\Delta\bar{F}$=		增量均值 $\Delta\bar{n}$=	
弹性模量 E=			

（3）测定低碳钢拉伸时的强度和塑性指标，铸铁拉伸时的强度指标。

材料	低碳钢		铸铁	
实验现象	试件形状		试件形状	
	断裂面形状		断裂面形状	
	低碳钢		铸铁	
断裂面直径				
断裂后长度				
试件拉伸时应力应变图				
实验数据	上屈服力 F_{eh}= kN 下屈服力 F_{el}= kN 上屈服强度 R_{eh}= MPa 下屈服强度 R_{el}= MPa 抗拉强度 R_m= MPa 断后伸长率 A= 断后收缩率 Z=		最大力 F_m= kN 抗拉强度 R_m= MPa	

（4）压缩实验原始数据。

测量次数 \ 测量值 \ 试件	低碳钢		铸铁	
	直径/mm	长度/mm	直径/mm	长度/mm
第一次				
第二次				
第三次				
平均值				

（5）低碳钢和铸铁压缩实验数据。

材料	低碳钢		铸铁	
实验现象	试件形状		试件形状	
	断裂面形状		断裂面形状	
断裂面直径				
断裂后长度				
试件压缩时载荷变形图				

五、习题

(一) 预习思考题

(1) 拉伸及压缩实验过程中主要观察哪些力学现象？测定哪些主要性能指标？

(2) 在低碳钢的拉伸实验中，为什么用$\sigma-\varepsilon$曲线来读出材料的力学性能指标？

(3) 在低碳钢的拉伸实验中，如何利用$\sigma-\varepsilon$曲线读出屈服极限σ_s？

(4) 游标卡尺测量长度时，常用的读数方法有哪两种？

(5) 在什么情况下采用断口移中的方法？

（二）复习问答题

（1）比较低碳钢和铸铁在拉伸和压缩时的力学性能。

（2）测定材料的力学性能有何实用价值？

（3）拉压实验时产生试验误差的因素有哪些？应如何避免或减少其影响？

6.2　低碳钢和铸铁扭转实验报告

一、实验目的

二、实验仪器

三、实验原理及实验步骤

四、数据记录

（1）扭转实验原始数据记录。

试件 / 测量值 / 测量次数	低碳钢		铸铁	
	直径/mm	长度/mm	直径/mm	长度/mm
第一次				
第二次				
第三次				
平均值				
极惯性矩				

（2）扭转实验现象。

材料	低碳钢	铸铁
实验现象		

（3）扭转实验数据。

1）低碳钢剪切弹性模量。

扭矩	扭矩增量	扭转角	扭转角增量
扭矩增量平均值		扭转角增量平均值	

剪切弹性模量 $G=\frac{\overline{\Delta T}l}{\overline{\Delta\varphi}I_P}$

2）低碳钢和铸铁扭转时的强度性能指标。

材　料	低　碳　钢	铸　铁
实验数据	上屈服扭矩 $T_{eh}=$ 　　N·m 下屈服扭矩 $T_{el}=$ 　　N·m 最大扭矩 $T_{m}=$ 　　N·m 上屈服强度 $\tau_{eh}=$ 　　MPa 下屈服强度 $\tau_{el}=$ 　　MPa 抗扭强度 $\tau_{m}=$ 　　MPa	最大扭矩 $T_{m}=$ 　　N·m 抗扭强度 $\tau_{m}=$ 　　MPa

五、习题

（一）预习思考题

（1）扭转实验过程中主要观察哪些力学现象？测定哪些主要性能指标？

（2）如何利用 Reger Test 测控软件记录的 $T-\varphi$ 曲线得到低碳钢的切变模量？

（二）复习问答题

（1）比较低碳钢与铸铁试样的扭转破坏断面，并分析它们的破坏原因。

（2）根据拉伸、压缩与扭转三种实验结果，比较低碳钢与铸铁这两种典型材料的力学性能。

（3）为什么低碳钢试件扭转破坏是平齐断口，而铸铁试件是45°螺旋形断口？

（4）铸铁扭转断裂时断口的倾斜方向与外加力偶矩的方面有无直接关系？为什么？

6.3　低碳钢和铸铁冲击实验报告

一、实验目的

二、实验仪器

三、实验原理及实验步骤

四、数据记录

测量次数 \ 测量值 \ 试件	低碳钢		铸铁	
	断面面积/mm^2	冲击吸收功/J	断面面积/mm^2	冲击吸收功/J
第一次				
第二次				
第三次				
平均值				
冲击韧度 α_k				

五、习题

(一) 预习思考题

(1) 冲击实验中主要测定的实验数据有哪些？怎样计算出 α_k？

(2) 冲击韧度 α_k 为什么不能用于定量换算，只能用于相对比较？

(3) 冲击试样为什么要开缺口?

(二) 复习问答题

(1) 低碳钢与铸铁在受到冲击时所表现出来的力学性能有什么区别?

(2) 对实验中可能存在的误差进行分析。

6.4 低碳钢和铸铁疲劳实验报告

一、实验目的

二、实验仪器

三、实验原理及实验步骤

四、数据记录

(1) 试样的原始数据。

参　　数	第一次	第二次	第三次	平均值
直径/mm				
$K=$				

(2) 实验数据。

试件编号	砝码编号	σ_{max}	转数计初读数	转数计末读数	疲劳寿命	备注

(3) 以 σ_{max} 为纵坐标、N 为横坐标，建立坐标系，将各数据点绘在坐标中，用曲线连接，得 $\sigma_{max}-N$ 曲线。由此曲线得到该试件的疲劳极限是________。

(4) 绘制出疲劳断面图。

五、习题

（一）预习思考题

（1）绘制疲劳断面图有什么意义？

（2）试述疲劳裂纹的形成机理及阻止疲劳裂纹萌生的一般方法？

（二）复习问答题

（1）疲劳试样的有效工作部分为什么要磨削加工，不允许有周向加工刀痕？

（2）实验过程中若有明显的振动，对寿命会产生怎样的影响？

（3）若规定循环基数为 $N=10^6$，对黑色金属来说，实验所得的临界力值 σ_{max} 能否称为对应于 $N=10^6$ 的疲劳极限？

6.5 材料弹性常数 E、μ 的测定实验报告

一、实验目的

二、实验仪器

三、实验原理及实验步骤

四、数据记录

（一）采用双向引伸计测量低碳钢拉伸时的弹性模量 E 和泊松比 μ

试件截面尺寸：宽度 $b=$　　mm，厚度 $h=$　　mm

荷　载 F/N	纵　　向						横　　向					
	第一次		第二次		第三次		第一次		第二次		第三次	
	读数	读数差	读数	读数差	读数	读数差	读数	读数差	读数	读数差	读数	读数差
平均读数差												
转换系数	$K_{纵}=$						$K_{横}=$					
应变增量	$\Delta\varepsilon_{纵}=K_{纵}\times\overline{\Delta\varepsilon_{纵}}\times10^{-6}=$						$\Delta\varepsilon_{横}=K_{横}\times\overline{\Delta\varepsilon_{横}}\times10^{-6}=$					
计算	$E=\dfrac{\Delta F}{\Delta\varepsilon_{纵}A}=$						$\mu=\left\|\dfrac{\Delta\varepsilon_{横}}{\Delta\varepsilon_{纵}}\right\|=$					

（二）采用贴片法测量弹性模量 E 和泊松比 μ

（1）试件相关数据。

试　　件	厚度 h/mm	宽度 b/mm	横截面面积 A/mm^2
截面Ⅰ			
截面Ⅱ			
截面			
平均值			

（2）半桥单臂测量的数据。

载荷/N		轴向应变				横向应变			
P	ΔP	ε_1	$\Delta\varepsilon_1$	ε_1'	$\Delta\varepsilon_1'$	ε_2	$\Delta\varepsilon_2$	ε_2'	$\Delta\varepsilon_2'$
每个应变片的平均值									
每个方向的平均值									
弹性模量 $E=\dfrac{\Delta P}{A\overline{\Delta\varepsilon}}$						泊松比 $\mu=\left\|\dfrac{\Delta\varepsilon'}{\Delta\varepsilon}\right\|$			

五、习题

(一) 预习思考题

(1) 测定 E 值时，最大荷载如何确定？为什么不能超过比例极限？

(2) 电阻应变仪是以什么原理制造的？用来测量何种参数？能否直接测量“应力”？

(3) 温度补偿片在实验中有什么作用？必须满足什么条件？

（二）复习问答题

（1）分析若轴、横向应变片粘贴不准，会对测量结果产生怎样的影响？

（2）将两种实验测得的 E、μ 与已知的参数作对比，分析误差原因，并对两种测量方法进行比较？

6.6 电阻应变片的粘贴实验报告

一、实验目的

二、实验仪器

三、实验步骤

四、习题

（一）预习思考题

（1）如何选择电阻应变片？

（2）粘贴好的电阻应变片如何检查？

（二）复习问答题

（1）电阻应变片应如何防潮保护？

（2）写出完成电阻应变片的粘贴实验后的实验心得。

6.7　矩形梁纯弯曲时正应力分布电测实验报告

一、实验目的

二、实验仪器

三、实验原理及实验步骤

四、数据记录

（1）试验原始数据。

测量次数	高度 h/mm	宽度 b/mm	长度 l/mm	测点 1 坐标 y_1/mm	测点 2 坐标 y_2/mm	测点 3 坐标 y_3/mm	测点 4 坐标 y_4/mm	测点 5 坐标 y_5/mm
第一次								
第二次								
第三次								
平均值								
弹性模量 E=								
惯矩 I_Z=								

（2）数据记录及处理。

应变/$\mu\varepsilon$ 载荷/kN		1－1 点		2－2 点		3－3 点		4－4 点		5－5 点	
读数	增量	读数	增量	读数	增量	读数	增量	读数	增量	读数	增量
平均值											
弯矩 M=											
$\Delta\sigma_{实}$=											
$\Delta\sigma_{理}$=											
误差=　　%											

五、习题

（一）预习思考题

（1）矩形梁纯弯曲时正应力理论公式及实验计算公式分别是什么？如何推导？

（2）实验中没有考虑梁的自重，会引起误差吗？为什么？

（3）在实验中可能引起误差的主要因素有哪些？

（二）复习问答题

（1）连接好的电路在测量中发现不能归零或者没有读数，原因是什么？

（2）根据塑性材料与脆性材料力学性能的不同，对梁的合理设计有什么要求？

（3）弯曲正应力的大小是否受弹性模量 E 的影响？在实测应力值的实验中为什么用到弹性模量 E？

6.8 等强度梁电测实验报告

一、实验目的

二、实验仪器

三、实验原理及实验步骤

四、数据记录

（1）试验原始数据。

测量次数	高度 h/mm	测点1（2） 处的宽度	测点3（4） 处的宽度	载荷作用处到 测点1（2）的距离	载荷作用处到 测点3（4）的距离
第一次					
第二次					
第三次					
平均值					
弹性模量	$E=$				

（2）数据记录。

载荷/N		测点1（2）处的轴向应变				测点3（4）处的轴向应变			
P	ΔP	ε_1	$\Delta\varepsilon_1$	ε_2	$\Delta\varepsilon_2$	ε_3	$\Delta\varepsilon_3$	ε_4	$\Delta\varepsilon_4$
每个应变片的平均值									
测点处应变的平均值									

（3）误差分析。

项　　目	测点1（2）理论值	测点1（2）实验值	测点3（4）理论值	测点3（4）实验值
应力值				
测点的理论值与实验值的误差				
测点之间的误差比较				

五、习题

（一）预习思考题

（1）等强度梁弯曲时正应力理论公式及实验计算公式分别是什么？如何推导？

（2）在实验中可能引起误差的主要因素有哪些？

（二）复习问答题

（1）为什么等强度梁的测量可以有多种方法？

（2）根据等强度梁测量电桥的连接方法，分别计算每一种方法的测量值与实际值的关系，比较哪一种连接方法的测量精度高？

（3）对实验中出现的误差进行分析？

6.9 压杆稳定实验报告

一、实验目的

二、实验仪器

三、实验原理及实验步骤

四、数据记录

（1）实验原始数据。

参 数	截面Ⅰ	截面Ⅱ	截面Ⅲ	平均值
厚度 h/mm				
宽度 b/mm				
长度 l/mm				
最小惯性矩	$I_{\min}=\frac{bh^3}{12}=$			
弹性模量				

（2）实验数据。

实测压杆 $F-\varepsilon$ 图	

（3）实验数据处理。

1）弹性模量的数据记录与计算。

载 荷		变 形	
读数 F	增量 ΔF	变形读数 n	变形增量 Δn
增量均值 $\Delta\bar{F}=$		增量均值 $\Delta\bar{n}=$	
弹性模量 $E=$			

2）临界力的测定。

实验值 $F_{cr}=\frac{\pi^2 EI_{\min}}{l^2}\Big/\text{N}$	
理论值 F_{cr}/N	
相对误差	

五、习题

(一) 预习思考题

(1) 压杆临界力理论公式及实验计算公式分别是什么？如何推导？

(2) 压缩实验与压杆稳定性实验的目的有何不同？

(3) 压缩实验过程中的屈服现象与压杆失稳现象有什么不同？

(二) 复习问答题

(1) 试件厚度对临界力影响大吗？为什么？

(2) 两种平衡状态的性质有何不同？如何解释平衡状态“跳跃”的机理？为什么有时却又没有出现这种现象？

6.10 弯扭组合作用下主应力的电测实验报告

一、实验目的

二、实验仪器

三、实验原理及实验步骤

四、数据记录

（1）试验原始数据。

测量次数	长度 l/mm	试件外径 D/mm	试件内径 d/mm	测点距力臂的距离 a/mm
第一次				
第二次				
第三次				
平均值				
弹性模量 E=			泊松比 μ=	

（2）测点三个方向的线应变。

载荷/N		应变仪读数					
P	ΔP	45°		0		−45°	
		ε	$\Delta\varepsilon$	ε	$\Delta\varepsilon$	ε	$\Delta\varepsilon$
平均值							

（3）截面弯曲应变及扭矩应变。

载荷/N		截面弯曲应变 ε_m			截面扭矩应变 ε_n		
P	ΔP	ε_d	ε_m	$\Delta\varepsilon_m$	ε_d	ε_n	$\Delta\varepsilon_n$
平均值							

（4）数据处理。

1）主应力主方向的理论值与实验值比较。

应　力	实验值	理论值	相对误差/%
σ_1/MPa			
σ_3/MPa			
α_0/(°)			

2）弯矩和扭矩的理论值与实验值比较。

应　力	实验值	理论值	相对误差/%
$M/(\mathrm{N\cdot m})$			
$M_n/(\mathrm{N\cdot m})$			

五、习题

（一）预习思考题

（1）弯扭组合实验中主应力理论公式及实验计算公式分别是什么？如何推导？

（2）弯扭组合实验中扭矩的理论公式及实验计算公式分别是什么？如何推导？

（3）主应力测量时，45°直角应变花是否可以沿任意方向粘贴？为什么？

（二）复习问答题

（1）在电测实验中，测量单一内力分量引起的应变，可以采用哪几种桥路连接线法？

（2）对测量结果进行分析讨论，误差的主要原因是什么？

6.11 偏心拉伸实验报告

一、实验目的

二、实验仪器

三、实验原理及实验步骤

四、数据记录

（1）试验原始数据。

试　件	厚度 h/mm	宽度 b/mm	横截面面积 $A=bh/\mathrm{mm}^2$
截面Ⅰ			
截面Ⅱ			
截面Ⅲ			
平均值			

（2）半桥单臂桥路的测量数据记录。

载　荷/N		应 变 仪 读 数			
P	ΔP	ε_1	$\Delta\varepsilon_1$	ε_2	$\Delta\varepsilon_2$
平均值					
$\Delta\varepsilon_P=\dfrac{\Delta\varepsilon_1+\Delta\varepsilon_2}{2}=$			$\Delta\varepsilon_m=\dfrac{\Delta\varepsilon_1-\Delta\varepsilon_2}{2}=$		

（3）半桥单臂桥路的测量数据处理。

物理量	实　验　值	理　论　值	相对误差
弹性模量	$E_{实}=\dfrac{\Delta P}{a\Delta\varepsilon_P}=$	$E_{理}=$	
偏心距	$e_{实}=\dfrac{Ehb^2}{6\Delta P}\Delta\varepsilon_m=$	$e_{理}=$	
最大应力	$\sigma_1=\dfrac{\Delta P}{A}+\dfrac{6\Delta Pe}{hb^2}=$	$\sigma_1'=E(\Delta\varepsilon_P+\Delta\varepsilon_m)=$	
最小应力	$\sigma_2=\dfrac{\Delta P}{A}-\dfrac{6\Delta Pe}{hb^2}=$	$\sigma_2'=E(\Delta\varepsilon_P-\Delta\varepsilon_m)=$	

（4）半桥邻臂与全桥臂桥路的测量数据。

载荷/N		应变仪读数			
P	ΔP	ε_m	$\Delta\varepsilon_m$	ε_P	$\Delta\varepsilon_P$
平均值					

（5）半桥邻臂与全桥臂桥路的测量数据处理。

物理量	实验值	理论值	相对误差
弹性模量	$E_{实}=\dfrac{\Delta P}{a\Delta\varepsilon_P}=$	$E_{理}=$	
偏心距	$e_{实}=\dfrac{Ehb^2}{6\Delta P}\Delta\varepsilon_m=$	$e_{理}=$	
最大应力	$\sigma_1=\dfrac{\Delta P}{A}+\dfrac{6\Delta Pe}{hb^2}=$	$\sigma_1'=E（\Delta\varepsilon_P+\Delta\varepsilon_m）=$	
最小应力	$\sigma_2=\dfrac{\Delta P}{A}-\dfrac{6\Delta Pe}{hb^2}=$	$\sigma_2'=E（\Delta\varepsilon_P-\Delta\varepsilon_m）=$	

五、习题

（一）预习思考题

（1）偏心拉伸实验中弹性模量理论公式及实验计算公式分别是什么？如何推导？

（2）偏心拉伸实验中偏心距理论公式及实验计算公式分别是什么？如何推导？

（3）偏心拉伸实验中主应力计算的理论公式及实验计算公式分别是什么？如何推导？

（二）复习问答题

（1）分析比较两种测量方法所产生误差的原因，哪种测量方法精度更高？

（2）画出该试件横截面上的中性轴和截面核心区。

6.12 复合梁应力测定实验报告

一、实验目的

二、实验仪器

三、实验原理及实验步骤

四、数据记录

(1) 实验原始数据。

应变片至中性层距离 y/mm		梁的尺寸和相关参数
1		单个梁的高度 $h=$
2		梁的宽度 $b=$
3		梁的跨度 $l=$
4		载荷距离 $a=$
5		弹性模量 $E_1=$ $E_2=$
6		$I_{Z_1}=$
7		$I_{Z_2}=$
8		

(2) 复合梁测点 1～4 的应变值。

载荷/N		应 变 仪 读 数							
P	ΔP	测点 1		测点 2		测点 3		测点 4	
		ε_1	$\Delta\varepsilon_1$	ε_2	$\Delta\varepsilon_2$	ε_3	$\Delta\varepsilon_3$	ε_4	$\Delta\varepsilon_4$
平均值									

(3) 复合梁测点 5～8 的应变值。

载 荷/N		应 变 仪 读 数							
P	ΔP	测点 5		测点 6		测点 7		测点 8	
		ε_5	$\Delta\varepsilon_5$	ε_6	$\Delta\varepsilon_6$	ε_7	$\Delta\varepsilon_7$	ε_8	$\Delta\varepsilon_8$
平均值									

(4) 复合梁各测点应力数据分析。

测 点	实验值 $\sigma_1=\dfrac{E_1\Delta M_Y}{E_1 I_{Z_1}+E_2 I_{Z_2}}$	理论值 $\sigma=E\Delta\varepsilon$	相对误差
测点 1			

续表

测　点	实验值 $\sigma_1=\frac{E_1\Delta M_Y}{E_1 I_{Z_1}+E_2 I_{Z_2}}$	理论值 $\sigma=E\Delta\varepsilon$	相对误差
测点 2			
测点 3			
测点 4			
测点 5			
测点 6			
测点 7			
测点 8			

五、习题

（一）预习思考题

（1）复合梁应力实验中主应力理论公式及实验计算公式分别是什么？如何推导？

（2）复合梁中性轴位置如何确定，怎样计算？

（二）复习问答题

（1）如果复合梁中间不黏合，应力分布规律是怎样的？

（2）画出复合梁横截面上的应力分布规律？

6.13 设计制作实验报告一

一、设计构思与计算简图

二、理论计算

三、制作过程及成果展示

四、实验数据与理论计算结果的比较，误差分析

6.14　设计制作实验报告二

一、设计构思与计算简图

二、理论计算与结果

三、制作过程及成果展示

四、实验数据与理论计算结果的比较，误差分析、加载破坏现象分析

参 考 文 献

［1］ 中华人民共和国国家质量监督检验检疫总局．金属材料　拉伸试验　第1部分：室温试验方法：GB/T 228.1—2010［S］．北京：中国标准出版社，2011.

［2］ 中华人民共和国国家质量监督检验检疫总局．金属材料　室温压缩试验方法：GB/T 7314—2007［S］．北京：中国标准出版社，2007.

［3］ 中华人民共和国国家质量监督检验检疫总局．金属材料　室温扭转试验方法：GB/T 10128—2007［S］．北京：中国标准出版社，2008.

［4］ 中华人民共和国国家发展和改革委员会．金属弯曲力学性能方法：YB/T 5349—2006［S］．北京：冶金工业出版社，2006.

［5］ 中华人民共和国国家质量监督检验检疫总局．金属材料夏比摆锤冲击试验方法：GB/T 229—2007［S］．北京：中国标准出版社，2008.

［6］ 中华人民共和国国家质量监督检验检疫总局．金属材料　平面应变断裂韧度K_{1C}试验方法：GB/T 4161—2007［S］．北京：中国标准出版社，2008.

［7］ 刘鸿文，吕荣坤．材料力学实验［M］．3版．北京：高等教育出版社，2006.

［8］ 王绍铭，邢建新，等．材料力学实验教程［M］．成都：西南交通大学出版社，2008.

［9］ 曾海燕．材料力学实验［M］．武汉：武汉理工大学出版社，2004.

［10］ 张竞．材料力学实验指导书［M］．北京：中国水利水电出版社，2010.

［11］ 胡青龙．材料力学实验教程［M］．北京：北京理工大学出版社，2013.

［12］ 孙训方．材料力学［M］．5版．北京：高等教育出版社，2010.

［13］ 宋子康．材料力学［M］．上海：同济大学出版社，2003.

［14］ 江晓禹．材料力学［M］．成都：西南交大出版社，2013.

［15］ 马西秦．自动检测技术［M］．北京：机械工业出版社，2013.

［16］ 王金龙．AYSYS12.0在土木工程中的应用实例解析［M］．北京：机械工业出版社，2011.

［17］ 孙少文，陆中宏．传感器［M］．北京：中央广播电视大学出版社，2014.

［18］ 国家技术监督局．力学的量和单位：GB 3102.3—1993［S］．北京：中国标准出版社，1994.

附录A　材料力学实验性能试验的国家标准简介

1. GB/T 228.1—2010《金属材料　拉伸试验　第1部分：室温试验方法》
2. GB/T 7314—2007《金属材料　室温压缩试验方法》
3. GB/T 10128—2007《金属材料　室温扭转试验方法》
4. YB/T 5349—2006《金属弯曲力学性能试验方法》
5. GB/T 229—2007《金属材料夏比摆锤冲击试验方法》
6. GB/T 4161—2007《金属材料　平面应变断裂韧度K_{1C}试验方法》
7. GB/T 5028—2008《金属材料　薄板和薄带　拉伸应变硬化指数（n值）的测定》
8. GB/T 1040.1—2006《塑料　拉伸性能的测定　第1部分：总则》
9. GB/T 1041—2008《塑料　压缩性能的测定　第1部分：总则》
10. GB/T 9341—2008《塑料　弯曲性能的测定　第1部分：总则》
11. GB/T 1447—2005《纤维增强塑料拉伸性能试验方法》
12. GB/T 8489—2006《精细陶瓷压缩强度试验方法》
13. GB/T 6569—2006《精细陶瓷弯曲强度试验方法》
14. GB/T 10700—2006《精细陶瓷弹性模量试验方法弯曲法》
15. GB/T 8813—2008《硬质泡沫塑料压缩性能的测定》
16. GB/T 2570—2008《树脂浇铸体性能试验方法》
17. GB/T 1450.1—2005《纤维增强塑料层间剪切强度试验方法》
18. GB/T 1451—2005《纤维增强塑料简支梁式冲击韧度试验方法》

附录B　力学量的国际单位及换算

GB 3102.3—1993《力学的量和单位》适用于所有科学技术领域。

项号	量的名称	符号	定　义	换算因数和备注
3-1	质量 mass	m		质量是基本量之一，参阅3-9.2的备注
3-2	体积质量 volumic mass，［质量］密度 mass density，density	ρ	质量除以体积	
3-3	相对体积质量 relative volumic mass，相对［质量］密度 relative mass density，relative density	d	物质的密度与参考物质的密度在两种物质所规定的条件下的比	
3-4	质量体积 massic volume，比体积 specific volume	v	体积除以质量	
3-5	线质量 lineic mass，线密度 linear density	ρ_l	质量除以长度	
3-1.a	千克（公斤）kilogram	kg	千克为质量单位，它等于国际千克原器的质量	质量单位的十进制倍数单位和分数单位是由在“克”字前加词头构成，$1g=10^{-3}kg$
3-1.b	吨 tonne	t	1t=1000g	
3-2.a	千克每立方米 kilogram per cubic metre	kg/m^3		
3-2.b	吨每立方米 tonne per cubic metre	t/m^3		$1t/m^3=10^3kg/m^3=1g/cm^3$
3-2.c	千克每升 kilogram per litre	kg/L		$1kg/L^3=10^3kg/m^3=1g/cm^3$
3-4.a	立方米每千克 cubic metre per kilogram	m^3/kg		
3-5.a	千克每米 kilogram per metre	kg/m		
3-5.b	特［克斯］tex	tex		用于纤维纺织业，$1tex=10^{-6}kg/m=1g/km$
3-6	面质量 areic mass，面密度 surface density	ρ_A（ρ_s）	质量除以面积	

续表

项号	量的名称	符号	定　义	换算因数和备注
3-7	转动惯量（惯性矩）momen of inertia	J，(I)	物体对于一个轴的转动惯量，是它的各质量元与它们到该轴的距离的二次方之积的总和（积分）	此量不同于 2-20.1 和 2-20.2的量
3-8	动量 momentum	p	质量与速度之积	
3-9.1	力 force	F	作用于物体上的合力等于物体动量的变化率	
3-9.2	重量 weight	W，(P，G)	物体在特定参考系中的重量为使该物体在此参考系中获得其加速度等于当地自由落体加速度时的力	当此参考系为地球时，此量常称为物体所在地的重力。值得注意的是，重量不仅与物体所在地的引力的合力有关，而且与由于地球自转引起的当地离心力有关。由于浮力的作用被排除，因此，所定义的重量是真空中的重量。 “重量”一词按照习惯仍可用于表示质量，但不赞成这种习惯
3-6.a	千克每平方米 kilogram per square metre	kg/m^2		
3-7.a	千克二次方米 kilogram metre square	$kg \cdot m^2$		
3-8.a	千克米每秒 kilogram metre per second	$kg \cdot m/s$		
3-9.a	牛［顿］newton	N	$1N=1kg \cdot m/s^2$	加在质量为 1kg 的物体上使之产生 $1m/s^2$ 加速度的力为 1N
3-10	冲量 impulse	I	$I=\int F dt$	在$[t_1, t_2]$时间内，$I=P(t_2)-P(t_1)$，式中 P 为动量
3-11	动量矩 momen of momentum， 角动量 angular momentum	L	质点对一点的动量矩，等于从该点到质点的矢径与该点的动量的矢量积 $L=r \times P$	
3-12.1	力矩 moment of force	M	力对一点之矩，等于从该点到力作用线上任一点的矢径与该力的矢量积 $M=r \times F$	在材料力学中，M 用于表示弯矩，T 用于表示扭矩或转矩

续表

项号	量的名称	符号	定义	换算因数和备注
3-12.2	力偶矩 moment of a couple	M	两个大小相等，方向相反，且不在同一直线上的力，其力矩之和	
3-12.3	转矩 torque	M，T		
3-13	角冲量 anqular impulse	H	$H=\int M\mathrm{d}t$	在$[t_1, t_2]$时间内，$H=L(t_2)-(t_1)$，式中L为角动量
3-14	引力常量 gravitational constant	G，(f)	两个质点之间的引力是 $F=Gm_1m_2/r^2$ 式中r为两质点间的距离，m_1、m_2为两质点的质量	$G=(6.67259\pm0.00085)\times10^{-11}\mathrm{N\cdot m^2/kg^2}$
3-15.1	压力，压强 pressure	p	力除以面积	符号p_e用于表压，其定义为$p-p_{amb}$，表压的正或负取决于p大于或小于环境压力（ambient pressure）p_{amb}
3-15.2	正应力 mormal stress	σ		
3-15.3	切应力 shear stress	τ		
3-10.a	牛［顿］秒 newton second	N·s		
3-11.a	千克二次方米每秒 kilogram metre squared per second	$\mathrm{kg\cdot m^2/s}$		
3-12.a	牛［顿］米 newton metre	N·m		该单位的符号书写时不应与毫牛顿的符号 mN 混淆
3-13.a	牛［顿］米秒 newton metre second	N·m·s		
3-14.a	牛［顿］二次方米每二次方千克 newton metre squared per kilogram squared	$\mathrm{N\cdot m^2/kg^2}$		
3-15.a	帕［斯卡］pascal	Pa	$1\mathrm{Pa}=1\mathrm{N/m^2}$	巴（bar），1bar=100kPa（准确值）
3-16.1	线应变（相对变形）linear strain（relative elongation）	ε，e	$\varepsilon=\Delta l/l_0$ 式中l_0为指定参考状态下的长度，Δl为长度增量	
3-16.2	切应变 shear strain	γ	$\gamma=\Delta x/d$ 式中Δx为厚度为d的薄层上表面对下表面的平行位移	
3-16.3	体应变 volume strain (bulk strain)	θ	$\theta=\Delta V/V_0$ 式中V_0为指定参考状态下的体积，ΔV为体积增量	

续表

项号	量的名称	符号	定　义	换算因数和备注
3-17	泊松比 poisson ratio 泊松数 poisson number	μ，v	横向收缩量除以伸长量	由泊松所定义的量曾是其倒数：$m=1/\mu$
3-18.1	弹性模量 modulus of elasticity	E	$E=\sigma/\varepsilon$	E 也称为杨氏模量（Young modulus）
3-18.2	切变模量 shear modulus 刚量模量 modulus of rigidity	G	$G=\tau/\gamma$	G 也称为库仑模量（Coulomb modulus）
3-18.3	体积模量 bulk modulus 压缩模量 modulus of compression	K	$K=-P/\theta$	定义中的应变 ε、γ 和 θ 是与附加应力 σ、τ 和附加压力 P 相对应的
3-19	［体积］压缩率 compressibility bulk	κ	$\kappa=\frac{1}{V}\cdot\frac{\mathrm{d}V}{\mathrm{d}P}$	
3-20.1	截面二次矩 second moment of area 截面二次轴距（惯性矩）second axial moment of area	I	一截面对在该平面内一轴的二次矩是其面积元与它们到该轴距离的二次方之积的总和（积分）	此量常被称为"惯性矩"，应与3-7的量相区别
3-20.2	截面二次极矩（极惯性矩）second polar moment of area	I_P	一截面对在该平面内一点的二次极矩是其面积元与它们到该点距离的二次方之积的总和（积分）	
3-21	截面系数 section modulus	W	一截面对在该平面内一轴的截面系数是其截面的二次矩除该截面距轴最远点的距离	
3-22.1	动摩擦因数 dynamic friction factor	μ	滑动物体的摩擦力与法向力之比	该量也称为摩擦系数（coefficient of friction）
3-22.2	静摩擦因数 static friction factor	μ_s	静止物体的摩擦力与法向力的最大比值	
3-23	［动力］黏度 viscosity	η	$\tau_{zx}=\eta\frac{\mathrm{d}v}{\mathrm{d}z}$ 式中 τ_{zx} 为以垂直于切变平面的速度梯度 $\mathrm{d}v/\mathrm{d}z$ 移动的液体中的切应力	本定义适用于 $v_z=0$ 的层流
3-24	运动黏度 kinematic viscosity	v	$v=\eta/\rho$ 式中 ρ 为密度	

续表

项号	量的名称	符号	定　义	换算因数和备注
3-25	表面张力 surface tension	γ	与表面内一个线单元垂直的力除以该线单元的长度	
3-26.1	能［量］energy	E	所有各种形式的能	
3-26.2	功 work	W，(A)	$W=\int F\cdot dr$	
3-26.3	势能，位能 potential energy	E_P (V)	$E_P=-\int F\cdot dr$ 式中 F 为保定力	
3-26.4	动能 kinetic energr	E_K (T)	$E_K=\frac{1}{2}mv^2$	
3-27	功率 power	P	能的输送速率	
3-28	效率 efficiency	η	输出功率与输入功率之比	
3-29	质量流量 mass flow rate	q_m	质量穿过一个面的速率	
3-30	体积流量 volume flow rate	q_v	体积穿过一个面的速率	
3-25.a	牛［顿］每米 newton per metre	N/m		$1N/m=1J/m^2$
3-26.a	焦［耳］joule	J	$1J=1N\cdot m=1W\cdot s$	1J是1N的力在沿着力的方向上移过1m距离所做的功
3-27	瓦［特］watt	W	$1W=1J/s$	
3-29.a	千克每秒 kilogram per second	kg/s		
3-30.a	立方米每秒 cublc metre per second	m^3/s		

附录C 传感器技术简介

在材料力学实验中，为了了解和掌握整个过程的进展及其最后结果，经常需要对各种基本参数或物理量进行检查和测量，从而获得必要的信息，并以之作为分析判断和决策的依据。因此在当今材料力学实验中大量地采用了现代的检测技术。

一个完整的检测系统或检测装置通常是由传感器、测量电路和显示记录装置等部分组成，分别完成信息获取、转换、显示和处理等功能。当然其中还包括电源和传输通道等不可缺少的部分。

图 C.1 给出了检测系统的组成。

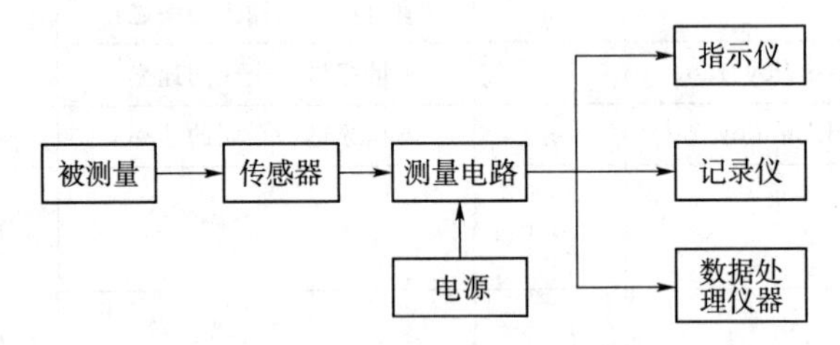

图 C.1 检测系统的组成框图

C.1 传感器

1. 传感器的定义

《传感器通用术语》(GB 7665—2005) 中明确给出传感器的定义：传感器是指能感受规定的被测量，并按照一定的规律转换成可用输出信号的器件或装置。表 C.1 中列出了被测量。

表 C.1 传感器的被测量

物理量	机械量	长度量	长度、位移、应变、角度、角位移
		运动量	速度、角速度、加速度、角加速度、频率、时间
		力学量	力、力矩、应力、质量
	流量体		压力真空度、流速、流量、液位、黏度
	温度		温度、热量、比热
	湿度		湿度、露点、水分
	电量		电流、电压、功率、电荷、电感、电容、电磁波
	磁场		磁通、磁场强度、磁感应强度
	光		光度、照度、色、紫外光、红外光、可见光、光位移
	放射线		X、α、β、γ 射线
化学量			气体、液体、固体分析、pH 值、浓度
生物量			酶、微生物、免疫抗原、抗体

传感器就是利用物理效应、化学效应、生物效应，把被测的物理量、化学量、生物量等非电量转换成电量（电压、电流）的器件或装置。

显然，传感器是检测系统与被测对象直接发生联系的部分。它处于被测对象和检测系统的接口位置，构成了信息输入的主要窗口，为检测系统提供必需的原始信息。它是整个检测系统最重要的环节，检测系统获取信息的质量往往是由传感器的性能一次性确定的，因为检测系统的其他环节无法添加新的检测信息并且不易消除传感器所引入的误差。

2. 传感器的组成

从传感器的功能来讲，它通常由敏感元件、转换元件及转换电路组成，如图 C.2 所示。

图 C.2 中，敏感元件是指传感器中能直接感受（或响应）被测量的部分。它是传感器的核心部件，用来感知外界信息工将其转换成有用信息的元件。在完成非电量到电信号的变换时，并非所有的非电量都能利用现有手段直接转换成电信号，往往是先变换为另一种易于变成电信号的非电量，然后再转换成电信号。

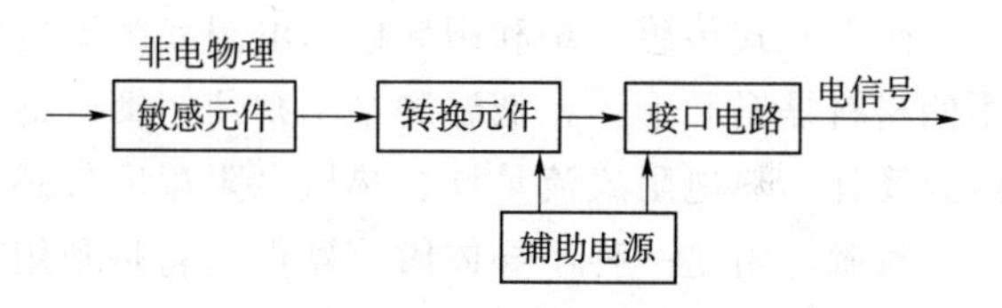

图 C.2 传感器的组成框图

转换元件是指能将感受到的非电量直接转换成电信号的器件或元件。

接口电路是指将无源型传感器输出的电参数量转换成电能，常用的接口电路有电桥电路、谐振电路等，它能将电阻、电容及电感等参数转换成电压、电流及频率等电信号。

有些传感器的敏感元件可以直接把被测非电量转换成电信号输出，如压电晶体、光电池、热电偶等，通常称为有源型传感器。

3. 传感器的分类

传感器种类繁多，分类的方法也各不相同。从传感器应用的目的出发，可以按被测量的性质将传感器分为机械量传感器，如位移传感器、力传感器、速度传感器、加速度传感器等；热工量传感器，如温度传感器、压力传感器、流量传感器等；化学量传感器；生物量传感器等。

从传感器研究的目的出发，着眼于变换过程的特征可以将传感器按输出量的性质分为：

（1）参量型传感器。它的输出是电阻、电感、电容等无源电参量，相应的有电阻式传感器、电容式传感器、电感式传感器等。

1）电阻式传感器有电阻应变式传感器、固态压阻式传感器、热电阻式传感器、气敏电阻和湿敏电阻等几种。

电阻应变式传感器亦称为电阻应变片，有金属电阻应变片和半导体应变片两大类。可测量试件应力之外，还可制造成各种应变式传感器用于测量力、荷重、扭矩、加速度、压力等多种物理量。在材料力学电测法实验中通常使用该类型的应变片测量应力与应变。

固态压阻式传感器是利用硅的压阻效应和集成电路技术制成的新型传感器。它具有灵敏度高、动态响应快、测量精度高、稳定性好、工作温度范围宽、体积小和便于批量生产等特点，因此得到了广泛的应用。由于它克服了半导体应变片存在的问题并能将电阻条、补偿线路、信号转换电路集成在一块硅片上，甚至将计算处理电路与传感器集成在一起，制成了智能型传感器。在机械工业中，压阻式压力传感器可用于测量冷冻机、空调机、空气压缩机的压力和气流流速，以监测机器的工作状态；在航空工业中，压阻式压力传感器用来测量飞机发动机的中心压力；在进行飞机风洞模型试验中，可以采用微型压阻式传感器安装在模型上，以取得准确的实验数据；在兵器工业中，可用压阻式压力传感器测量枪炮膛内的压力，也可对爆炸压力及冲击波进行测量；压阻式压力传感器还广泛用于医疗事业中，目前已有各种微型传感器用来测量心血管、颅内、尿道、眼球内的压力，随着微电子技术以及电子计算机的发展，固态压阻式传感器的应用将会越来越广泛，这是一种具有发展前途的传感器。

热电阻式传感器是利用导体的电阻率随温度而变化这一物理现象来测量温度的。最常用的材料是铅和铜，在低温测量中则使用铟、锰及碳等材料制成的热电阻。常制造成热电阻温度计、热电阻式流量计、热敏电阻湿度传感器、液面位置传感器等。

气敏电阻是一种半导体敏感器件，它是利用气体的吸附而使半导体本身的电导率发全变化这一机理来进行检测的。SnO_2、ZnO、Fe_2O_3、MgO、NiO 等氧化物半导体材料都可制成气敏电阻。气敏电阻广泛地用于防灾报警，如可制成液化石油气、天然气、城市煤气、煤矿瓦斯以及有毒气体的报警器，也可用于大气污染的监测以及在医疗上用于对 O_2、CO_2等气体的测量。生活中则可用于空调机、烹调装置、酒精浓度控测等方面。

湿敏电阻是利用湿敏材料吸收空气中的水分而导致本身电阻值发生变化这一原理制成的。常见的有半导体陶瓷湿敏元件、氯化锂湿敏电阻和有机高分子膜湿敏电阻。常用于湿度测量的控制。

2）电容式传感器是把被测量转换成电容量变化的一种传感器，它可用于测量压力、力、位移、振动、液位等参数。

3）电感式传感器是利用被测量的变化引起线圈自感或互感系数的变化，从而导致线圈电感的改变这一物理现象来实现测量的。根据转换原理，电感式传感可以分为自感式和互感式两大类。它可用于测量压力、力、位移、振动、加速度、液位等参数。

（2）发电型传感器。它的输出是电压或电流，相应的有热电偶传感器、光电传感器、磁电传感器、压电传感器等。

1）热电偶传感器是根据金属的热电效应原理，即任意两种不同材料的导体都可以作为热电极组成热电偶，测量时就不需外加电源，使得结构简单、测量范围广、输出信号便于远传等特点。根据国际电工委员会（IEC）标准规定，我国将发展镍铬-康铜、铁-康铜热电偶材料。常用作测量炉子、管道内的气体或液体的温度及固体的表面温度。

2）光电传感器由光源、光学通路和光电元件三部分组成。它首先把被测量的变化转换成光信号的变化，然后借助光电元件进一步将光信号转换成电信号。按照输出信号的形式可分为模拟式和脉冲式两大类，具有精度高、反应快、非接触等特点，而且可测参数多，在检测、控制及通信领域有广泛应用。

3）磁电传感器利用电磁感应原理，通过改变磁通的方法或用线圈切割磁力线的方法产生感应电动势。由于结构简单、工作稳定、输出电压灵敏度高等优点，在转速测量、振动、速度测量中得到广泛的应用。

4）压电传感器是以某些晶体受力后在其表面产生电荷的压电效应为转换原理的传感器。它可以测量最终能变换为力的各种物理量，如力、压力和加速度等。由于它具有体积小、质量轻、频带宽、灵敏度高等优点，近年来得到迅速发展。

4. 传感器的特性

传感器的特性一般指输入-输出特性，它是有静态、动态之分的。对传感器的基本要求是其能够感受被测量的变化并将其不失真地变换成相应的电信号。

传感器的静态特性指被测量的值处于稳定状态时的输入/输出关系，也可以说静态特性是指输入量与输出量之间的关系式中不含有时间变量。描述传感器静态特性的技术指标是线性度、灵敏度、迟滞、重复性、分辨力、阈值、稳定性、抗干扰性和静态误差。

传感器的动态特性指传感器对随时间变化的输入量的响应特性，若被测量是时间的函数，则传感器的输出量也是时间的函数。对快速变化的输入信号，要求传感器能迅速准确地响应被测信号的变化，输出完全再现输入量的变化规律，或者说输出与输入具有相同的时间函数，即传感器必须拥有良好的动态特性。而实际上，除了理想的特性外，输出将不会与输入具有相同的时间函数，输出与输入之间会出现差异。它们的差异即动态误差，研究这种误差的性质称为动态特性分析。描述传感器动态特性的技术指标是瞬间响应特性、频率响应特性等。

5. 传感器的技术指标

传感器的基本参数指标和较重要的环境参数指标是检验、评价传感器的依据。传感器常用的技术指标见表C.2。

表C.2　传感器的技术指标

基本参数指标	环境参数指标	可靠性指标	其他指标
量程指标：量程范围、过载能力等 静态性能指标：灵敏度、迟滞、重复性、阻抗等 动态性能指标：固有频率、阻尼比、频率响应特性、稳定时间等	温度指标：工作温度范围、温度系数等 抗冲振指标：允许各项抗冲振的频率、振幅及加速度 其他环境参数：抗潮湿、抗介质腐蚀能力、抗电磁声场干扰能力等	工作寿命、平均无故障时间、疲劳性能、耐压性能等	使用电压范围、外形尺寸、重量、壳体材料、安装方式等

对于某一种具体的传感器来说，并不是全部指标都是必需的。要想使传感器的各项指标都优良，不仅制造困难，也是没有必要的，故要根据实际需要，保证基本参数就可以了。即使是主要参数，也不能盲目地追求单一指标的优异，而应关心的主要是其稳定性和变化规律，其他的缺点可在电路上或用计算机进行补偿和修正。这样，才能使各种传感器既低成本又高效地得到应用。

C.2 测量电路

测量电路的作用是将传感器的输出信号转换成易于测量的电压或电流信号。通常传感器输出信号是微弱的且输出阻抗高，输出信号在包含被测信号的同时，又不可避免地被噪声所污染。因此检测装置的信号处理是比较复杂的，它包含微弱信号的放大、滤波、隔离、标准化输出、线性化处理、温度补偿、误差修正、量程切换等。

应当指出，测量电路的种类和构成是由传感器的类型决定的，不同的传感器所要求配用的测量电路经常具有自己的特色。

C.3 显示记录装置

显示记录装置是检测人员和检测系统联系的主要环节，主要作用是使人们了解检测数值的大小或变化的过程。目前常用的有模拟式显示、数字式显示和图像式显示三种。

模拟式显示是利用指针与标尺的相对位置表示被测量数值的大小。如各种指针式电气测量仪表，其特点是读数方便、直观，结构简单，价格低廉，在检测系统中一直被大量应用。但这种显示方式的精度受标尺最小分度限制，而且读数时易引入主观误差。

数字式显示则直接以十进制数字形式来显示读数，实际上是专用的数字电压表，它可以附加打印机，打印记录测量数值，并且易于和计算机联机，使数据处理更加方便。这种方式有利于消除读数的主观误差。

如果被测量处于动态变化之中，用显示仪表读数就十分困难，这时可以将输出信号送至记录仪或计算机，从而描绘出被测量随时间变化的曲线，并以之作为检测结果，供分析使用，这就是图像显示。常用的自动记录仪器有笔式记录仪、光线示波器、磁带记录仪、计算机等。例如在测量低碳钢在拉伸时具有的力学性能实验中，通过 Smart Test 专用控制软件来实时显示实验过程，并记录相关所有数据。

附录D　有限元分析和ANSYS 12.0简介

有限元的概念早在几个世纪前就已产生并得到了应用，例如用多边形（用有限个直线单元）逼近圆来求得圆的周长，但作为一种方法而被提出，则是最近的事。有限元最初被称为矩阵近似法，应用于航空器的结构强度计算，并由于其方便性、实用性和有效性而引起从事力学研究的科学家的浓厚兴趣。经过短短数十年的努力，随着计算机技术的快速发展和普及，有限元方法迅速从结构工程强度，分析计算扩展到几乎所有的科学技术领域，成为一种丰富多彩、应用广泛并且实有高效的数值分析方法。

有限元法可以称为有限单元法或有限元素法，基本思想是将物体（即连接求解域）离散成有限个且按一定方式相互连接在一起的单元组合，来模拟和逼近原来的物体，从而将一个连续的无限自由度问题简化为离散的有限自由度问题求解的数值分析法。有限元方法与其他求解边值问题近似方法的根本区别在于它的近似性仅限于相对小的子域中。20世纪60年代初，首次提出结构力学计算有限元概念的克拉夫教授形象地将其描绘为有限元法＝Rayleigh Ritz法｜十分片函数，即有限元法是Rayleigh Ritz法的一种局部化情况。它不同于求解（往往是困难的）满足整个定义域边界条件的允许函数的Rayleigh Ritz法，有限元法是将函数定义在简单几何形状（如二维问题中的三角形或任意四边形）的单元域上（分片函数），且不考虑整个定义域的复杂边界条件。这是有限元法优于其他近似方法的原因之一。

D.1　有限元方法的历史

有限元方法的思想最早可以追溯到古人的“化整为零”“化圆为直”的方法，这些方法实际上都体现了离散逼近的思想，即采用大量简单的“小单元”来填充出复杂的大物体。

早在1870年，英国科学家Rayleigh就采用假想的“试函数”来求解复杂的微分方程，1909年Ritz将其发展成为完善的数据近似方法，为现代有限元方法打下坚实的基础。

20世纪40年代，由于航空事业的飞速发展，设计师需要对飞机结构进行精确的设计与计算，便逐渐在工程中产生了矩阵力学分析方法；1943年Courant发表了第一篇使用三角形区域的多项式函数来求解扭转问题的论文；1956年波音公司的Turner、Clough、Martin和Topp在分析飞机结构时系统研究了离散杆、梁、三角形的单元刚度表达式；1960年，Clough在处理平面弹性问题，第一次提出了“有限元方法”；1967年Zienkiewicz和Cheung出版了第一本关于有限元的专著；1970年以后，有限元方法开始应用于处理非线性和大变形问题。我国的一些学者对此也做出了突出贡献，胡海昌于1954年提出了广义变分原理；钱伟长最先研究了拉格朗日乘子法与广义变分原理之间的关系；钱令希在20世纪50年代就研究了力学分析的余能原理；冯康于20世纪60年代就独立地、并先于西方奠定了有限元分析收敛性的理论基础。

D.2　有限元分析的典型应用领域

有限元分析的典型应用领域主要有静力结构的有限元分析、结构振动的有限元分析、传热过程的有限元分析、弹塑性材料的有限元分析等几个方面。

静力结构的有限元分析又有连续体平面问题的有限元分析和受均匀载荷方形板的有限元分析两种情况。

结构振动的有限元分析涉及模态分析、瞬态动力学分析、简谐响应分析、随机谱分析等方面，其中结构的模态分析（固有频率与振型）将是所有振动分析的基础。

传热是一种普遍的自然现象，它涉及能源、环境、结构等一系列对象的交互作用，如建筑的隔热保暖的环保型设计，发动机的循环冷却系统，高速列车的制动的冷却系统、车厢的保温系统、宇宙飞船的人机热环境系统、返回舱的隔热系统、运载火箭的热防护系统，甚至计算机芯片的散热系统都将是整个系统的关键问题。因此，有限元分析在这些方面的应用就显得尤为重要。

在一般的结构工程中都要考虑到处于弹性受力状态的设计，而且还要选取一定的安全系数研究材料的弹塑性行为，并进行相应的受力分析就具有十分重要的意义，其一，许多结构都会因设计和工艺上的需要开有孔洞或出现应力应变集中区，材料容易、有时不可避免地产生局部区域的塑性行为；其二，有的结构需要利用材料的塑性行为来进行结构设计，如轿车在发生碰撞时，需要充分利用材料的塑性来吸收能量，以尽量保护乘员；其三，在材料的加工过程中，就是专门利用材料的塑性行为来获得具有形状功能的结构件，其塑性行为将是获得衡量材料加工性能的重要指标。

D.3　有限元分析的主要应用软件

随着科学技术的发展，基于有限元方法原理的软件大量出现，并在世纪工程中得到了广泛应用。目前，专业的著名有限元分析软件公司有几十家，国际上著名的通用有限无分析软件有 ANSYS、ABAQUS、MSC/NASTRAN、ADMA、ALGOR、PRO/MECHANICA、IDEAS，还有一些专门的有限元分析软件，如 LS－DYNA、DEEORM、PAM－STAMP、AUTOFORM、SUPER－FORGE 等。

在有限元分析软件中，ADINA、ABAQUS 在非线性分析方面具有较强的能力，是目前业内最认可的两款有限元分析软件。ANSYS、MSC 则是进入中国比较早的有限元分析软件。常用的有限元软件及其功能见表 D.1。

表 D.1　　常用的有限元软件及其功能

软件功能 \ 软件名称	ANSYS	ADINA	SAP	MARC	NONSAP	ASKA
非线性结构分析	√	√	√	√	√	√
塑性分析	√	√	√	√	√	√
断裂力学分析	√	√	√	√		√
热应力和蠕变	√	√	√	√		√
管道系统	√			√		

续表

软件功能 \ 软件名称	ANSYS	ADINA	SAP	MARC	NONSAP	ASKA
焊接接头				√		
粘弹性材料分析	√	√	√	√		√
结构优化分析	√					
热分析	√	√	√	√	√	
复合材料分析	√	√		√		√
流体动力学分析	√	√				√

D.4 数值模拟与有限元法常用术语

1. 工程问题的解决

工程问题一般是涉及力学问题或场问题的物理情况的数学模型。数学模型是研究带有相关边界条件和初值条件的微分方程组。微分方程组是通过对系统或控制体应用自然的基本定律和原理推导出来的，这些控制微分方程往往代表了质量、力或能量的平衡。在某些情况下，由给定的条件可以得到系统的精确行为，但实际过程中实现的可能性往往较小。

因此，工程问题的解决过程就是对实际问题进行数学模型的抽象、建立和求解的过程。建立的数学模型既要能代表实际系统，又要可解，得到的结果应达到一定的精度，以满足工程问题的需要。

2. 数值模拟与有限元法

在许多实际工程问题中，由于问题的复杂性和影响因素众多等不确定性因素，虽然能够得到它们的基本方程和边界条件，但是能够用解析法去求解的只是少数性质比较简单和边界比较规则的问题。大多数情况是难以得到分析系统的精确解，即解析解。因此，解决这类问题的基本思路是：在满足工程需要的前提下，采用数值模拟的方法来得到近似解，即数值解，简单地说，解析解表明了系统在任何点上的精确行为，而数值解只在称为节点的离散点上近似于解析解。

数值模拟技术是人们在现代数学、力学理论的基础上，借助于计算机技术来获得满足工程要求的数值近似解。计算机辅助工程（Computer Aided Engineer，CAE）是现代工程仿真学发展的重要推动力之一。目前，在工程领域常用的数值模拟方法包括：有限元法（Finite Element Method，FEM）、有限差分法（Finite Difference Method，FDM）、边界元法（Boundary Element Method，BEM）和离散单元法（Discrete Element Method，DEM）等，其中有限元法是最具有实用性和应用最广泛的。

FEM的基础是变分原理和加权余量法，在CAE中运用最广。有限元法其基本思想是将物体（即连续的求解域）离散成有限个简单单元的组合，用这些单元的集合来模拟或逼近原来的物体，从而将一个连续的无限自由度问题简化为离散的有限自由度问题。物体被离散后，通过对其中各个单元进行单元分析，最终得到对整个物体的分析结构。随着单元数目的增加，解的近似程度将不断增大和逼近真实情况。有限元法最早应用于材料力学、结构力学，后来随着计算机的发展逐渐用于弹性力学平面问题和空间问题、薄板、薄壳、厚板、厚壳、弹性稳定、塑件力学、断裂、动力反应、岩土力学、混凝土与钢筋混凝土、流体力学、热传导、工程反分析、仿真计算、网格自动生成、误差估计及自适应技术。

3. 有限元的常用术语

（1）节点。是用以确定单元形状、表述单元特征及连接相邻单元的点，它是有限元模型中的最小构成元素，在将实际连续体离散成单元群的过程中起到连接单元和实现数据传递的桥梁作用，而 ANSYS 程序正是通过节点信息来组成刚度矩阵进行计算的。节点可分为铰接、固接或其他形式的连接。节点一般分为主外节点、副主外节点和内节点三类。有了节点才可以将实际连续体看成是仅在节点处互相连接的有限单元群组成的离散型结构，从而使研究的对象转化成可以使用计算机进行数值分析的数学模型。

（2）单元。对于任何连续体，都可以将其想象成由有限个简单形状的单元体组成，并可利用网格生成技术将其离散成若干个小的区域，这种在结构的网格划分中的每一个小块体区域称为一个单元。任意相邻单元之间通过一定数目的节点连接而成，多个单元可以共用1个节点。常见的单元类型有线段单元、三角形单元、四边形单元、四面体单元和六面体单元。由于单元是组成有限元模型的基础，因此，单元类型的选取对于有限元分析结果的精确度至关重要。

常用单元可分为自然单元和分割单元。一些工程构件（如桁架结构等）的连杆在分析时无需再加分割，称为自然单元。自然构件能否看做自然单元取决于所研究的范围和构件本身的力学性质。工程上常用的是分割单元，即在实际计算过程中根据研究对象的特点，对整体结构或连续体进行分割得到的许多小单元，如杆（Link）单元、梁（Beam）单元、块（Block）单元、平面（Plane）单元、集中质量（Mass）单元、管（Pipe）单元、壳（Shell）单元和流体（Fluid）单元等的组合。理论上，单元的分割是任意的。不过，在实际计算中必须根据研究对象的特点使单元分割既能满足力学分析要求，又能使计算简化。

不同单元类型有不同的节点数目。例如，线段单元只有2个节点，三角形单元有3个或6个节点，四边形单元至少有4个节点。同一种单元类型根据节点个数的不同又分成不同的种类，例如，壳单元包括 Shell63 和 Shell93 在内的许多不同的种类，前者一个单元有4个节点，后者一个单元有8个节点。

（3）节点力和节点载荷。相邻单元之间的相互作用是通过节点来实现的，这种通过节点的相互作用力就是节点力，也称为节点内力。工程结构所受到的外在施加的力或力矩称为载荷，包括集中载荷和分布载荷、力矩等。作用在节点上的外载荷称为节点载荷。节点载荷分两部分：一是原来作用在节点上的外力；二是按静力等效原则将作用在单元上的分布力移置到节点上的节点载荷。将单元上的实际载荷向节点移置的目的就是简化各单元上的受力情况，以便建立单元和系统的平衡方程，也就是建立节点位移和节点载荷之间的关系式。在不同的科学领域中，载荷的含义也不尽相同。在通常的结构分析过程中，载荷为力、位移等；在电磁场分析中，载荷是指结构所受的电场和磁场作用；在温度场分析中，所受的载荷则是指温度本身。

（4）边界条件和初始条件。边界条件是指结构边界上所受到的外加约束。在有限元分析中，能够确定反应结构在真实应力状态的边界条件是至关重要的。错误的边界条件常便有限元中的刚度矩阵发生奇异，程序无法正常运行，施加正确的边界条件是获得正确分析结果和较高分析精度的关键。初始条件就是结构响应前所施加的初始速度、初始温度及预应力等。

（5）位移函数。连续体被离散后，需要用一些近似函数来描述单元物理量，如位移、应变的变化情况等，用以表征单元内的位移或位移场的近似函数称为位移函数。如何选择位移函数直接关系到其对应单元的计算精度和能力。通常都是选取多项式作为位移函数，原因是多项式的数学运算（如微分、积分等）比较容易，而且在一个单元内适当选取多项式可以得到与真实解较为接近的近似解。选取位移函数有广义坐标法和插值函数法两种。对于位移函数，要满足如下要求：①位移函数在单元内部必须是连续的；②两相邻单元在交界处的位移是连续的。

（6）收敛准则。对于一种数值方法，总是希望随着网格的逐步细分，得到的解答收敛于问题的精确解。为了保证解答的收敛性，要求位移模式必须满足以下三个条件：

1）位移函数必须包含单元的刚体位移。当节点位移由某个刚体位移所引起时，弹性体内必须无应变，因而节点力为 0。

2）位移函数必须能包含单元的常应变。

3）位移函数要在单元内连续，在相邻单元间的公共边界上能协调。后者指两相邻单元在变形时既不重叠，也不分离。

在有限元法中，满足前面两个条件的单元称为完备条件，满足最后一个条件的单元称为协调条件。

D.5　ANSYS 12.0 简介

1. ANSYS 12.0 发展历史

ANSYS（Analysis System）公司是由美国著名力学专家、美国匹兹堡大学力学系教授 John Swanson 博士于 1970 年创建发展起来的，其总部设在美国宾夕法尼亚州的匹兹堡，是目前世界 CAE 行业最大的公司之一。40 多年来，ANSYS 公司致力于有限元软件的开发、维护及售后服务，不断汲取当今世界最新的计算方法和计算机技术，引领着世界有限元技术的发展趋势，为全球业界所推崇。如今，ANSYS 拥有全球最大的用户群，其用户遍布全世界的众多科研所、高校和专业研究单位。

ANSYS 公司自建立伊始，推出了支持教学和研究的院校版本，与代表世界计算技术最高水平的院校及专业研究单位紧密结合，促使 ANSYS 比任何其他 CAE 软件更快地吸取最先进的计算方法和研究成果，进而造就了不断推陈出新、技术日新月异的有限元分析软件。

ANSYS 软件是融结构（ Structural）、热（Thermal）、流体（Fluid）、电磁（Magnetic）、声学（Acoustic）于一体的大型通用有限元商用分析软件，其代码长度超过 10 万行。ANSYS 不仅支持用户直接创建模型，也支持与其他 CAD 软件进行图形传递，其支持的图形传递标准有 SAT、Parasolid 和 STEP。相应地，也可与多数 CAD 软件（如 UG、ALGOR、Pro/ENGINEER、SolidWorks、SolidEdge、CATIA、I - DEAS、NASTRAN、Inventor 、CADDS 等）接口，实现数据的共享和交换，是现代产品设计中的高级 CAD 工具之一。

在过去的 40 多年里，ANSYS 是最主要的有限元程序。目前，ANSYS 广泛用于航空航天、核工业、国防军工、船舶、石油化工、汽车交通、生物医学、地质矿产、水利桥梁、铁道机车、动力机械和电子电器等工业及科研领域。ANSYS提供了一个不断改进的功能清单，包括结构（高度非线性）分析、电磁分析、计算流体力学分析、优化设计、接触分析、自适应网格划分、参数化设计语言和扩展宏命令等功能。

ANSYS 12.0与最初版本相比，在操作界面和分析功能上都有很大的改进。起初，ANSYS仅提供了热分析及线性分析的功能，是一个批处理程序，只能在大型计算机上使用。20世纪70年代，且ANSYS公司为了进一步满足广大用户的需求，融入了非线性、子结构以及更多的单元类型，这使得ANSYS软件在功能上大大加强。到20世纪70年代末，图形技术和交互操作方式的应用使得ANSYS软件的模型生成和结果评价得到大大简化。当前的ANSYS版本带有图形用户界面（Gill）窗口、下拉菜单、对话框和工具栏等，与过去相比已经焕然一新。在进行分析之前，可以利用交互式图形（前处理）来验证模型的生成过程、边界条件和材料属性等。分析求解结束，计算结果的图形显示（后处理）立即可用于检验分析过程的合理性。

如今，ANSYS趋于完善，功能日益强大，使用更加方便快捷。其主要特点如下：

（1）实现多场及多场耦合分析。

（2）实现前后处理、求解及多场分析统一数据库的一体化。

（3）具有多物理场优化功能。

（4）具有强大的非线性分析功能。

（5）多种求解器分别适用于不同的问题及不同的硬件配置。

（6）支持异种、异构平台的网络浮动，在异种、异构平台上用户界面统一、数据文件全部兼容。

（7）强大的并行计算功能支持分布式并行及共享内存式并行。

（8）支持多种自动网格划分技术。

（9）具有良好的用户开发环境。

2. ANSYS功能模块

ANSYS按功能作用可分为一个前处理模块、一个分析计算模块、两个后处理模块和几个辅助处理模块等。前处理模块用于生成有限元模型；分析计算模块用于施加载荷及边界条件，完成求解计算；后处理模块用于获得求解结果，以便对模型作出评估。

前处理模块提供了一个强大的实体建模及网格划分工具，用户可以方便地构造有限元模型。

ANSYS的前处理模块主要有实体建模和网格划分两部分。

（1）实体建模。ANSYS提供了自顶向下与自底向上两种实体建模方法。自顶向下进行实体建模时，用户定义一个模型的最高级图元，如球、棱柱，称为基元，程序则自动定义相关的面、线及关键点。用户利用这些高级图元直接构造几何模型，如二维的圆和矩形以及三维的块、球、锥和柱。自底向上进行实体建模时，用户从最低级的图元向上构造模型，即用户首先定义关键点，然后依次定义相关的线、面、体。

无论使用自顶向下还是自底向上方法建模，用户均能使用布尔运算来组合数据集，从而“雕塑”出一个实体模型。ANSYS程序提供了完整的布尔运算，如相加、相减、相交、分割、黏结和重叠。在创建复杂实体模型时，对线、面、体、基元的布尔操作能减少相当可观的建模工作量。ANSYS程序还提供了拖拉、延伸、旋转、移动和复制实体模型图元的功能。附加的功能还包括圆弧构造、切线构造、通过拖拉与旋转生成面和体、线与面的自动相交运算、自动倒角生成、用于网格划分的硬点的建立、移动、复制和删除。

（2）网格划分。ANSYS提供了使用便捷、高质量的对CAD模型进行网格划分的功能，包括延伸划分、映像划分、自由划分和自适应划分4种网格划分方法。其中，延伸划分可将一个二维网格延伸成一个三维网格。映像划分允许用户将几何模型分解成简单的几部分，然后选择合适的单元属性和网格控制，生成映像网格；自由划分功能十分强大，可对复杂模型直接划分，避免了用户对各个部分分别划分然后进行组装时各部分网格不匹配带来的麻烦；自适应划分是在生成了具有边界条件的实体模型以后，用户指示程序自动地生成有限元网格，分析、估计网格的离散误差，然后重新定义网格大小，再次分析计算、估计网格的离散误差，直至误差低于用户定义的值或达到用户定义的求解次数。

分析计算模块，即求解器，包括结构分析（可进行线性分析、非线性分析和高度非线性分析）、流体动力学分析、电磁场分析、声场分析、压电分析以及多物理场的耦合分析，可模拟多种物理介质的相互作用，具有灵敏度分析及优化分析能力。

后处理模块可将计算结果以彩色等值线显示、梯度显示、矢量显示、粒子流迹显示、立体切片显示、透明及半透明显示（可看到结构内部）等图形方式显示出来，也可将计算结果以图表、曲线形式显示或输出。

ANSYS提供了以下几种分析类型：

1）结构静力分析。结构静力分析用来求解外载荷引起的位移、应力和力。静力分析很适合求解惯性和阻尼对结构的影响并不显著的问题。ANSYS程序中的静力分析不仅可以进行线性分析，而且也可以进行非线性分析，如塑性、蠕变、膨胀、大变形、大应变及接触分析。

2）结构动力学分析。结构动力学分析用来求解随时间变化的载荷对结构或部件的影响。与结构静力分析不同，结构动力学分析要考虑随时间变化的力载荷以及它对阻尼和惯性的影响。ANSYS可进行的结构动力学分析类型包括瞬态动力学分析、模态分析、谐波响应分析及随机振动响应分析。

3）结构非线性分析。结构非线性导致结构或部件的响应随外载荷不成比例变化。ANSYS可求解静态和瞬态非线性问题，包括材料非线性、几何非线性和状态非线性三种。

4）动力学分析。ANSYS程序可以分析大型三维柔体运动。当运动的积累影响起主要作用时，可使用这些功能分析复杂结构在空间中的运动特性，并确定结构中由此产生的应力、应变和变形。

5）热分析。ANSYS程序可处理热传递的传导、对流和辐射三种基本类型。热传递的三种类型均可进行稳态和瞬态、线性和非线性分析。热分析还具有可以模拟材料固化和熔化过程的相变分析能力以及模拟热与结构应力之间的热-结构耦合分析能力。

6）电磁场分析。电磁场分析主要用于电磁场问题的分析，如电感、电容、磁通量密度、涡流、电场分布、磁力线分布、力、运动效应、电路和能量损失等，还可用于螺线管、调节器、发电机、变换器、磁体、加速器、电解槽及无损检测装置等的设计和分析领域。

7）流体动力学分析。ANSYS 流体单元能进行流体动力学分析，分析类型可以为瞬态或稳态。分析结果可以是每个节点的压力和通过每个单元的流率，并且可以利用后处理功能产生压力、流率和温度分布的图形显示。另外，还可以使用三维表面效应单元和热-流管单元模拟结构的流体绕流和对流换热效应。

8）声场分析。ANSYS 程序的声学功能用来研究在含有流体的介质中声波的传播，或分析浸在流体中的固体结构的动态特性。这些功能可用来确定音响传声器的频率响应，研究音乐大厅的声场强度分布，或预测水对振动船体的阻尼效应。

9）压电分析。压电分析用于分析二维或三维结构对 AC（交流）、DC（直流）或任意随时间变化的电流或机械载荷的响应。这种分析类型可用于换热器、振荡器、谐振器、传声器等部件及其他电子设备的结构动态性能分析，可进行静态分析、模态分析、谐波响应分析和瞬态响应分析四种类型的分析。